D1703012

Sebastian Hellmann

Beheizung und Kühlung eines Nichtwohngebäudes mit der Gasmotorwärmepumpe

Wirtschaftlichkeitsprüfung nach der VDI 2067 unter Berücksichtigung von ökologischen und ökonomischen Aspekten

Diplomica® Verlag GmbH

**Hellmann, Sebastian: Beheizung und Kühlung eines Nichtwohngebäudes mit der Gasmotorwärmepumpe: Wirtschaftlichkeitsprüfung nach der VDI 2067 unter Berücksichtigung von ökologischen und ökonomischen Aspekten.
Hamburg, Diplomica Verlag GmbH 2013**

ISBN: 978-3-8428-8045-0
Druck: Diplomica® Verlag GmbH, Hamburg, 2013

Bibliografische Information der Deutschen Nationalbibliothek:
Die Deutsche Nationalbibliothek verzeichnet diese Publikation in der Deutschen Nationalbibliografie; detaillierte bibliografische Daten sind im Internet über http://dnb.d-nb.de abrufbar.

Die digitale Ausgabe (eBook-Ausgabe) dieses Titels trägt die ISBN 978-3-8428-3045-5 und kann über den Handel oder den Verlag bezogen werden.

Dieses Werk ist urheberrechtlich geschützt. Die dadurch begründeten Rechte, insbesondere die der Übersetzung, des Nachdrucks, des Vortrags, der Entnahme von Abbildungen und Tabellen, der Funksendung, der Mikroverfilmung oder der Vervielfältigung auf anderen Wegen und der Speicherung in Datenverarbeitungsanlagen, bleiben, auch bei nur auszugsweiser Verwertung, vorbehalten. Eine Vervielfältigung dieses Werkes oder von Teilen dieses Werkes ist auch im Einzelfall nur in den Grenzen der gesetzlichen Bestimmungen des Urheberrechtsgesetzes der Bundesrepublik Deutschland in der jeweils geltenden Fassung zulässig. Sie ist grundsätzlich vergütungspflichtig. Zuwiderhandlungen unterliegen den Strafbestimmungen des Urheberrechtes.

Die Wiedergabe von Gebrauchsnamen, Handelsnamen, Warenbezeichnungen usw. in diesem Werk berechtigt auch ohne besondere Kennzeichnung nicht zu der Annahme, dass solche Namen im Sinne der Warenzeichen- und Markenschutz-Gesetzgebung als frei zu betrachten wären und daher von jedermann benutzt werden dürften.

Die Informationen in diesem Werk wurden mit Sorgfalt erarbeitet. Dennoch können Fehler nicht vollständig ausgeschlossen werden, und der Diplomica Verlag, die Autoren oder Übersetzer übernehmen keine juristische Verantwortung oder irgendeine Haftung für evtl. verbliebene fehlerhafte Angaben und deren Folgen.

© Diplomica Verlag GmbH
http://www.diplomica-verlag.de, Hamburg 2013
Printed in Germany

Kurzfassung

In der angefertigten Arbeit ist eine Gasmotorwärmepumpenanlage für eine Verkaufsstätte zu projektieren. Verglichen werden ein Direktexpansionssystem und ein Indirektes Expansionssystem zur Beheizung und zur Kühlung. Anschließend ist ein Wirtschaftlichkeitsvergleich der genannten Systeme mit einem Alternativsystem zu erarbeiten. In dem Alternativsystem sind eine Warmwasserheizung und eine separate Kälteanlage/ Multisplitanlage zu vergleichen. Das System mit der optimalsten Wirtschaftlichkeit und mit den besseren ökologischen Aspekten ist auszuwählen.

Die Verkaufsstätte ist mit einem Außenluftanteil nach der DIN EN 13779 zu versorgen, der mit einer zu konzipierenden Lüftungsanlage eingebracht wird. Die Bestandteile der GMWP- Anlage sind zu ermitteln und ein Blockschaltbild der Varianten Direktexpansions- und Indirektes Expansionssystem anzufertigen. Des Weiteren ist zu prüfen ob eine Abschirmung für den Eingangsbereich benötigt wird.

Abstract

In the following work a heat pump device on gas engine will be considered, which can be used for heating and cooling purposes in a sales facility. In doing so such systems as Direct Expansion and Indirect Expansion are taken into account. At the same time the sale facility's fresh air rate is provided in accordance with DIN EN 13779, which is transported with a ventilation system, to be designed to this end. Additionally, the requirement for shielding at the entrance area will be checked. Next, the components of being designed heat pump device on gas engine will be laid out.

And finally, economic comparison with the standard heating and cooling supply systems of sales facilities will be conducted (i.e. hot-water heating and separate cooling system/ multi-split system). For all the variants rough calculations shall be made and block diagrams created.

Inhaltsverzeichnis

Symbolverzeichnis VI

Abbildungsverzeichnis XII

Tabellenverzeichnis XIV

Abkürzungsverzeichnis XV

1. Einleitung 1

2. Kältetechnische Grundlagen 3

3. Darstellung der Gebäudekennwerte 7

    3.1 Objektdaten 7

    3.2 Heiz- und Kühllast 8

4. Gasmotorwärmepumpe 10

    4.1 Definitionen und Vorbetrachtung 10

    4.2 Funktion und Aufbau der Gasmotorwärmepumpe 12

    4.3 Der GMWP- Kreislaufprozess für den Heizbetrieb 16

    4.4 GMWP- Kreislaufprozess für den Kühlbetrieb 22

    4.5 Parameter der GMWP 26

    4.6 Schallemissionen der GMWP 29

    4.7 Einsetzbare Brennstoffe 31

    4.8 Mögliche Betriebsarten einer Gasmotorwärmepumpe 33

    4.9 Nutzbare zur Verfügung stehende Wärmequellen 35

5. Klimatisierung und Luftkonditionierung 37

    5.1 Klimatisierung einer Verkaufsstätte 37

    5.2. Konzipierung einer Lüftungsanlage 39

    5.3 Erstellung des Lüftungskonzeptes 40

    5.4 Dimensionierung der RLT- Anlage 42

        5.4.1 Vorbetrachtung 42

    5.4.2 Auslegung der Systemkomponenten 45

    5.5 Steuerung und Regelung 55

6. Installationsart Direkt Expansionssystem 57

    6.1 Direkt Expansion 57

    6.2 Variante AISIN GMWP über ein Direkt- Expansionssystem 60

        6.2.1 Prozessmedium Kältemittel 60

        6.2.2 Funktion einer Direkt Expansion GMWP- Anlage 61

    6.3 Auslegung und Bestimmung der Komponenten 63

        6.3.1 Verteilungssystem über Kältemittelverteiler 73

        6.3.2 Rohrsystem über Y-Verteiler 74

        6.3.3 Konzeption des Regelsystems 78

    6.4 Vor- und Nachteile des Direktexpansionssystems 80

    6.5 Blockschaltbild Gasmotorwärmepumpe als Direkt Expansionssystem
    über Y-Verteiler 81

7. Installationsart Indirektes Expansionssystem 82

    7.1 Grundsätzliche Bestandteile des Systems 82

    7.2 Einsetzbare Übertragungsmedien 82

    7.3 AISIN GMWP im Indirekten Verdampfungssystem 83

    7.4 Kalkulation des Anlagenausrüstungsbedarfes 85

    7.5 Steuerung und Regelung des Indirekten Expansionssystems 103

    7.6 Vor- und Nachteile des Indirekten Expansionssystems 104

    7.7 Blockschaltbild eines Indirekten Expansionssystems 105

8. Eingangsbereiche von Verkaufsstätten 106

    8.1 Klimatrennung durch Abschirmung 107

        8.1.1 Geschwindigkeits-, Volumenstrom- und Energieverlustberechnung
        bei einem offenen Eingang 107

    8.2 Auswahl einer geeigneten Abschirmvariante 110

        8.2.1 Torluftschleieranlage 110

9. Wirtschaftlichkeitsbetrachtung ... 113

9.1 Wirtschaftlichkeitsvergleich nach VDI 2067 zwischen der Variante Direktexpansionssystem, Wassersystem und einem Alternativsystem 114

9.2 Ergebnisse der Wirtschaftlichkeitsbetrachtung ... 129

9.3 Sensibilitätsanalyse zur Wirtschaftlichkeit der Systemvarianten ... 131

9.4 Ökologische und Ökonomische Auswahlaspekte einer Nutzenergie erzeugenden Anlage ... 132

10. Zusammenfassung ... 134

Literaturverzeichnis ... XVII

Anlagenverzeichnis ... XVII

Symbolverzeichnis

4. Gasmotorwärmepumpe		
$\dot{Q}_C$	[kW]	Kondensationsleistung
$\dot{m}_C$	[kg/s]	Kältemittelmassenstrom im Kondensator
h	[kJ/kg]	Enthalpie
$\Delta h_{W,K}$	[kJ/kg]	spezifische Kompressorenergie
P	[kW]	Verdichterleistung
Δh_O	[kJ/kg]	spezifische Verdampfungsenergie
$\Delta h_{\ddot{U}}$	[kJ/kg]	spezifische Überhitzungsenergie
$\dot{m}_0$	[kg/s]	Kältemittelmassenstrom im Verdampfer
Δh_{oh}	[kJ/kg]	spezifische Überhitzungsenergie
Δh_{Verf}	[kJ/kg]	spezifische Verflüssigungsenergie
Δh_u	[kJ/kg]	spezifische Unterkühlungsenergie
ε_K	[-]	Leistungszahl
η	[-]	Wirkungsgrad
η_G	[-]	Gütegrad
L	[dB]	Schalldruckpegel
L_W	[dB]	Schallleistungspegel
5. Klimatisierung und Luftkonditionierung		
$\dot{V}_h$	[m³/h]	Außenluftstrom
$\dot{V}_M$	[m³/h*m²]	Mindestaußenluftstrom
$\dot{V}_{ZUL}$	[m³/h]	Zuluftvolumenstrom
$\dot{V}_{ABL}$	[m³/h]	Abluftvolumenstrom

R_O	[Pa]	Rohrreibungsdruckverlust
l	[m]	annehmbare Länge
R_L	[Pa/m]	Druckgefälle
Δp	[Pa]	Druckdifferenz
Δp_t	[Pa]	totaler Förderdruck
Z	[Pa]	Einzelwiderstände
Φ_{ZUL}	[-]	ZUL- Rückwärmzahl
$t_{22,W}$	[°C]	WRG- ZUL- Temperatur im Winter
$t_{22,S}$	[°C]	WRG- ZUL- Temperatur im Sommer

6. Installation Direktes Expansionssystem

ϑ	[°C]	Temperatur
p_s	[bar]	Sättigungsdampfdruck
$\dot{m}_{fL,20}$	[kg$_{Gemisch}$/h]	Luftmassenstrom bei 20°C
p	[hPa]	absoluter Druck
p_D	[bar]	Dampfdruck
$p_{D,33}$	[bar]	Sättigungsdampfdruck bei 33°C
$\vartheta_{KÜ}$	[°C]	Kühlflächentemperatur
ϑ_{Tp}	[°C]	Kondensationstemperatur
$\Delta\vartheta_Z$	[K]	Temperaturdifferenz- Beaufschlagung
ϑ_{VL}	[°C]	Vorlauftemperatur
ϑ_{RL}	[°C]	Rücklauftemperatur
ϕ_{20}	[-]	ZUL- Rückwärmzahl
Δx	[g$_{H2O}$/kg$_{Wasser}$]	absolute Feuchte
r_{20}	[kJ/kg]	Verdampfungswärme von Wasser

$\Delta Q_{KÜ}$	[kWh]	zusätzliche Kühlleistung
c_L	[kJ/kg*K]	spezifische Wärmekapazität von Luft
c_D	[kJ/kg*K]	spezifische Wärmekapazität von Wasser
γ	[-]	spezifischer Faktor (Hersteller) für Kältemittelleitung

7. Installationsart Indirektes Expansionssystem

L	[m]	Leitungslänge
Q	[-]	Hersteller spezifischer Faktor
c_S	[Wh/kg*K]	spezifische Wärmekapazität der Sole
$\Delta t_{S,H}$	[K]	Temperaturdifferenz der Sole
$\dot{V}_{W,H}$	[m³/h]	Volumenstrom vom Heizungswasser
w	[m/s]	Fließgeschwindigkeit
d_i	[m]	Innendurchmesser
Δp_{vR}	[Pa]	Druckverlust der geraden Rohrleitung
λ	[-]	Rohrreibungszahl
ζ	[-]	Einzelwiderstände im Rohr
Δp_{Ges}	[Pa]	Gesamtdruckverlust im Rohr
H_{PU}	[m]	Pumpenförderhöhe
ρ_S	[kg/m³]	Dichte der Sole
w_{TS1}	[m/s]	Fließgeschwindigkeit im geraden Rohr der TS1
t_{Min}	[h]	Mindestlaufzeit der GMWP
$\dot{m}_{Sp,H}$	[kg/h]	Pufferspeicher- Wassermasse für das Heizsystem
Δt_{Hs}	[K]	Temperaturdifferenz bei Beheizung im Wassersystem
$\Delta t_{W,K}$	[K]	Temperaturdifferenz bei Kühlung im Wassersystem

$\sum Z$	[-]	$\sum$ Druckverlust aller Einzelwiderstände
$\dot{V}_F$	[m³/h]	Pumpenförderstrom
$R_{P,F}$	[Pa/m]	$\sum$ Rohrreibungsverlust für die Gesamtförderhöhe
V_R	[m³]	Volumen gerades Rohr
m_A	[kg]	Gesamtwasserinhalt der Anlage
t_m	[°C]	arithmetisches Mittel der VL- und RL- Temperatur
V_e	[dm³]	Ausdehnungsvolumen
p_{st}	[bar]	Statischer Druck der Wassersäule
p_{SV}	[bar]	Ansprechdruck vom Sicherheitsventil (bei max. VL-Temp.)
V_V	[bar]	Wasservorlage im Ausdehnungsgefäß
D_f	[-]	Druckfaktor Ausdehnungsgefäß (Wirkungsgrad)
p_a	[bar]	Luftdruck der Atmosphäre
A_G	[m²]	Grundfläche

8. Eingangsbereiche von Verkaufsstätten

H	[m]	Höhe des Eingangs
B	[m]	Breite des Eingangs
ΔT_T	[K]	Temperaturspreizung zwischen innen und außen
u_{max}	[m/s]	max. Zuggeschwindigkeit im Türbereich
$\dot{V}_T$	[m³/h]	Volumenstrom durch Eingangsbereich
$Q_{Verl,h}$	[kWh]	Energieverlust

9. Wirtschaftlichkeitsbetrachtung

η	[%]	Jahresnutzungsgrad in % (Verhältnis Nutzen/ Aufwand)
B_h	[h]	Betriebsstunden (Messung) laut Zähler Gasklimagerät

Symbol	Einheit	Beschreibung
E_{Erdas}	[kWh]	Erdgasverbrauch (Messwert) laut Gaszähler, auf unteren Heizwert bezogen
P_{el}	[kWh]	elektr. Leistungsaufnahme Motor (Hersteller) bei Volllast
P_{mech}	[kWh]	mech. Wellenleistung vom Motor (Hersteller) bei Volllast im Heizfall
P_{Gas}	[kWh]	Gasleistung des Motors im Gasklimagerät (Hersteller) bei Volllast im Heizfall, bezogen auf unteren Heizwert
n_V	[-]	Wirkungsgrad der Verdichter (Hersteller)
h_r	[-]	Heizfaktor (Anteil Heizbetrieb an Betriebszeit Gasklimagerät) nach VDI 2067
$A_{0,Brutto}$	[€]	Investitionskosten (Brutto)
$A_{0,Netto}$	[€]	Investitionskosten (Netto)
f_K	[%]	Faktor für Instandsetzung aus VDI2067 von $A_{0,Brutto}$
T_N	[a]	Abschreibungszeit in Jahren
T	[a]	Nutzungszeit in Jahren
q	[%]	Zinssatz in % (angenommen)
n	[n]	Ersatzbeschaffung der Bestandteile, angenommen
R_W	[€]	Restwert nach Nutzungsdauer, angenommen
r	[%]	Preisdynamischer Annuitätsfaktor für Instandsetzungen
$A_{N,V}$	[€]	Annuität der bedarfs- verbrauchsgebundene Zahlungen
A_{V1}	[€]	bedarfs-verbrauchsgebundene Zahlungen im ersten Jahr
ba_V	[-]	preisdynamischer Annuitätsfaktor
$A_{N,B}$	[€]	Annuität der betriebsgebundenen Kosten
A_{B1}	[€]	betriebsgebundene Kosten 15% von A_0 im ersten Jahr
ba_B	[-]	preisdynamischer Annuitätsfaktor für betriebsgebundene Auszahlungen

a	[%]	Preisänderungsfaktor (angenommen)
r_B	[%]	Annuitätsfaktor (berechnet in Kapitalgebundene Kosten)
$A_{N,S}$	[€]	Annuität der sonstigen Auszahlungen in Euro
A_{S1}	[€]	sonstige Auszahlungen im ersten Jahr (12% von $A_{0,Netto}$)
ba_S	[-]	preisdyn. Annuitätsfaktor sonstiger Auszahlungen
r_S	[%]	Preisänderungsfaktor (angenommen wie Inflation)
$A_{N,E}$	[€]	Annuität der Einzahlungen
E_1	[€]	Annuität der Einzahlungen
ba_E	[-]	preisdynamischer Annuitätsfaktor
r_E	[%]	Preisänderungsfaktor (VDI 2067, Blatt 1)
A_N	[€]	Gesamtannuität in einem Jahr

Abbildungsverzeichnis

Abb.1: rechtslaufender Kreisprozess 4

Abb.2: linkslaufender Kreisprozess 5

Abb.3: Grundriss der Verkaufsstätte 7

Abb.4: Gegenüberstellung von Heiz- und Kühllasten der Verkaufsstätte 9

Abb.5: Kältemittelübersicht... 11

Abb.6: AISIN Gasmotorwärmepumpe 12

Abb.7: Verdichter der GMWP mit Riemen und Magnetkupplung 13

Abb.8: Funktionsprinzip der GMWP für den Heiz- bzw. Kühlmodus 15

Abb.9: Funktionsschema der Gasmotorwärmepumpe im Heizbetrieb 16

Abb.10: GMWP- Heizprozess im log(p),h-Diagramm, erstellt mit Solkane 7.0.0 17

Abb.11: Funktionsschema der Gasmotorwärmepumpe im Kühlbetrieb 22

Abb.12: GMWP- Prozess im log(p),h-Diagramm für den Kühlbetrieb 23

Abb.13: Nutzbare Wärmequellen 35

Abb.14: Behaglichkeitsdiagramm in Abhängigkeit der relativen Raumfeuchte 38

Abb.15: Schema WRG- Prozess nach VDI 2071 51

Abb.16: RLT- Gerät mit Bypass- PWT der Modulgröße 2.0 56

Abb.17: Schematischer Aufbau Direktverdampfungsanlage 63

Abb.18: Kombination von Innen- u. Außeneinheit 64

Abb.19: Zusammenstellung der Inneneinheiten je Raum 64

Abb.20: Kältemittelverteilung über Y- Verteiler 74

Abb.21: Verteilungsleitungen und annehmbare Leitungslänge 75

Abb.22: Y-Kältemittelverteiler.. 76

Abb.23: Blockschaltbild einer GMWP- Anlage als Direkt Expansionssystem 81

Abb.24: Schematische Darstellung einer GMWP- im Indirekten Expansionssystem 84

Abb.25: Aufbau der SKVP- Übergabestation 85

Abb.26: Übersicht der gewählten Kampmann Wassersystem- Klimakassetten 88

Abb.27: Blockschaltbild einer GMWP- Anlage als Indirektes Expansionssystem .. 105

Abb.28: Funktion der Torluftschleieranlage 111

Abb.29: Jahrgangslinie des Temperaturverlaufes für den Bereich Kassel 115

Abb.30: Wirtschaftlichkeitsvergleich der drei Systeme nach VDI 2067 130

Abb.31: Gegenüberstellung der Wärme- und Kühlgestehungskosten pro Jahr 130

Abb.32: Vergleich des CO_2-Ausstoßes der drei betrachteten Anlagen 133

Tabellenverzeichnis

Tab.1: Raumdaten der Verkaufsstätte 7

Tab.2: Heiz- und Kühllast der Räume in der Verkaufsstätte 8

Tab.3: Heizfunktion, Ausgabeparameter aus dem Programm Solkane 7.0.0 21

Tab.4: Ausgabeparameter des Programmes Solkane 7.0.0 in der Kühlfunktion 26

Tab.5: COP- Kenngrößenermittlung der AISIN GMWP- Modelle 29

Tab.6: Immissionswerte für Technische Anlagen 30

Tab.7: Schalldruckpegel der GMWP aus 1m und 10m Entfernung 31

Tab.8: Wirksame Volumenströme nach Räumen unterteilt und Summiert 46

Tab.9: Erzeugende Ventilatordrücke für das Luftsystem 48

Tab.10: Ausgewählte Y-Verteiler 76

Tab.11: Dimension und Gesamtlänge der Kupferrohre im System 77

Tab.12: Übersicht der Werte für die Umwälzpumpenauslegung 95

Tab.13: Ausgewählte WILO Umwälzpumpen 95

Tab.14: Das Volumen der Rohre nach DN geordnet 99

Tab.15: Gesamtes Anlagenvolumen der Wasserseite 100

Tab.16: Heiz- und Kühlstunden pro Jahr für Kassel 115

Tab.17: Zusammenfassung der Anlagen- Brutto- und Nettopreise 116

Tab.18: Wirtschaftlichkeitsvergleich zwischen Direktexpansion-, Wasser- u. Alternativsystem 129

Abkürzungsverzeichnis

GWMP	Gasmotorwärmepumpe
SKVP	Speicher- Kondensator- Verdampfer- Pumpenstation
GHP	Gas Heat Pump
AUL	Außenluft
ZUL	Zuluft
ABL	Abluft
FOL	Fortluft
PWT	Plattenwärmeübertrager
RLT	Raumlufttechnisches Gerät
ODP	Ozonabbaupotential
ε_K	Kälteleistungszahl
COP	Coefficient of Performance
EER	Energy Efficiency Ratio
ESEER	European Seasonal Energy Efficient Ratio
IPLV	Integrated Part Load Value
JAZ	Jahresarbeitszahl
SPF	Seasonal Performance Factor
VL	Vorlauf
RL	Rücklauf
WÜ	Wärmeübertrager
TS	Teilstrecke
MAG	Membran- Druckausdehnungsgefäß
FR90	wartungsfreie Brandschutzklappe (Baureihe RF92)
BV90	Brandschutzventil (Baureihe BV91)
WRG	Wärmerückgewinnung

ZF	Zuschlagsfaktor für Formstücke
DDC	Direct Digital Control
MLAR	Muster- Richtlinie über brandschutztechnische Anforderungen an Leitungsanlagen
MÜLAR	Muster- Richtlinie über brandschutztechnische Anforderungen an Lüftungsanlagen

1. Einleitung

In Folge der Ölkrise und dem damit verbundenen Ölpreisanstieg 1973 und in den Jahren 1979/80, wurde die betriebsfähige Entwicklung der verbrennungsbetriebenen Gasmotorwärmepumpe vorangetrieben.

Der Absatz der Gasmotorwärmepumpe konnte in Deutschland einige Jahre ein Wachstum verzeichnen. Durch den Ölpreisrückgang, zu hoher Investitionskosten und technischen Problemen, kam es auf dem deutschen Markt zu einem Rückgang dieser Technik. Die verbrennungsmotorische Gaswärmepumpe fristete in Deutschland nur noch eine untergeordnete Marktposition.[1]

In Japan hat sich schon frühzeitig die Gebäudekühlung etabliert. Allerdings wurde die Kühlung mit elektrischer Energie realisiert. Dabei kam es zu Versorgungsengpässen, wobei die Bevölkerung von Japan nicht ausreichend mit elektrischer Energie versorgt werden konnte. Zwangsläufig musste für die Gebäudekühlung eine neue Technologie entwickelt werden, welche mit einer anderen zur Verfügung stehenden Energie betrieben werden kann.[2]

Die Entwicklung der Gasmotorwärmepumpe begann bei dem Tochterunternehmen AISIN, im Jahre 1983, aufgrund eines Stromengpasses und angestiegener Strompreise, wurde 1986 durch Weiterentwicklung, die erste Gasmotorwärmepumpen-Anlage in Betrieb genommen. Die Anlage war sowohl für Kühl- als auch für Heizzwecke konzipiert.

---

[1] Prof. Dr.-Ing. Dehli, Martin: Marktaussichten für Gasmotor-Wärmepumpen zur Wärmeversorgung sowie zur Teilklimatisierung. S.3
[2] Wuppertal Institut: MINI-Technologiefolgenabschätzung Gas-Wärmepumpe. S.5

1. Einleitung

Diese Technik hat sich seitdem bewährt. Es sind nach ASUE 2006 über 600.000 Systeme Weltweit installiert und über 50.000 kommen jährlich hinzu.[3]

Die MITGAS, Mitteldeutsche Gasversorgung GmbH nahm im November 2002 die erste Gaswärmepumpe, des japanischen Herstellers AISIN, Typs GHP-TGMP 280 (N-P), in Hohenweiden (Sachsen), in Betrieb. Durch Betreuung der Hochschule für Technik, Wirtschaft und Kultur Leipzig (HTWK), wurde die Anlage messtechnisch begleitet.[4]

Das System erfreut sich zunehmendem Interesse in der Gebäudeklimatisierung und im gewerblichen Bereich.

Wesentliche Gründe dafür sind die verschärfte Wärmeschutzverordnung und die damit dichter werdende Gebäudehülle, stetig wachsende innere Lasten durch beispielsweise der Beleuchtung, vergrößerte Glasfassaden, welche zu ansteigenden Kühllasten in Gebäuden führen und die ganzjährige thermische Behaglichkeit.[5]

Einen neuen Bereich stellt die zusätzliche Warmwasserbereitung dar, welche über die Einspeisung der im Abgas- und der Motorabwärme zur Verfügung stehenden Wärmeenergie realisiert wird.[6]

---

[3] Prof. Dr.-Ing. Dehli, Martin: Marktaussichten für Gasmotor-Wärmepumpen zur Wärmeversorgung sowie zur Teilklimatisierung. S.4-7
[4] HWTK Leipzig: GHP-Gaswärmepumpen Versuchsanlage Hohenweiden S.1-41
[5] ASUE: GMWP zum Heizen u. Kühlen, Erfahrungen aus dem ersten Feldversuch. S.1-7
[6] AISIN: Technisches Handbuch. S.130

2. Kältetechnische Grundlagen

Energiefluss in der Thermodynamik

Im 2. Hauptsatz der Thermodynamik wird beschrieben, dass Energie immer von einem Ort der höheren Temperatur T_2, zu einem Ort der niedrigen Temperatur T_1 übergeht. Es muss eine Temperaturdifferenz vorhanden sein, da sonst keine Energieübertragung zustande kommt. Dieser Energiefluss endet mit dem Erreichen eines Temperaturausgleiches.[7]

Thermodynamischer Kreisprozess

Ist einer Abfolge von Zustandsänderungen eines bestimmten Arbeitsmediums, durchfließt eine Substanz ein System und wird auch als Fluid bezeichnet. Dabei nimmt das Fluid die Aggregatzustände flüssig und gasförmig ein. Es durchläuft einen sich wiederholenden Prozess, wobei das betrachtete System die Ausgangsstellung, unter Veränderung der Zustandsgrößen wie z.B. Druck, Temperatur und der Dichte, erreicht.[8]

---

[7] Academic dictionaries and encyclopedias: Prozesse der Thermodynamik. Unter: http://www.pctheory.uni-ulm.de/didactics/thermodynamik/ INHALT/HS2.HTM. [18.08.2011]

[8] Academic dictionaries and encyclopedias: Thermodynamischer Kreisprozess. Unter: http://de.academic.ru/dic.nsf/dewiki/1386960.[18.08.2011]

2. Kältetechnische Grundlagen

Rechtslaufender- bzw. linkslaufender Kreisprozess

Ein rechtslaufender thermodynamischer Kreisprozess, wie in Abb.2 ersichtlich ist, kann zugeführte Energie ΔQ_{zu} in mechanische Arbeit umwanden. Dies geschieht nicht vollständig, es entsteht ein Energieverlust ΔQ_{ab}, in Form von Wärmeenergie. Die rechtslaufenden Kreisprozesse sind demnach Kraftmaschinenprozesse.

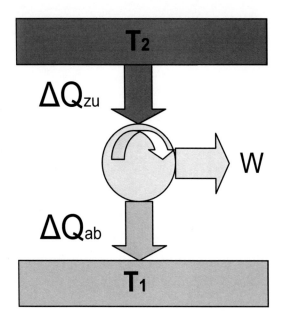

Abb.1: rechtslaufender Kreisprozess

2. Kältetechnische Grundlagen

Linkslaufender Kreisprozess

Bei dem in Abb.3 linkslaufenden Kreisprozess, wird in ein System Energie ΔQ_{zu} eingebracht, unter Zuhilfenahme mechanischer Arbeit W entsteht höheres Wärmeenergieniveau. Die linkslaufenden Kreisprozesse werden als Arbeitsmaschinenprozesse bezeichnet.[9]

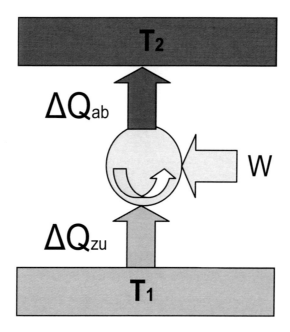

Abb.2: linkslaufender Kreisprozess

---

[9]Academic dictionaries and encyclopedias: Rechts- linksprozesse. Unter: http://de.academic.ru/dic.nsf/dewiki/1386960.[18.08.2011], eigene Aufarbeitung

2. Kältetechnische Grundlagen

Kompressions- Kaltdampf- Prozess

Der Kaltdampfprozess gibt in idealisierter Betrachtungsweise, verlustfrei die Zustandsänderung des Kältemittels in einem linksläufigen Wärmepumpen- Kreisprozess an.

In diesem idealisierten Prozess wird ein gasförmiges Fluid, welches auch als Kältemittel bezeichnet wird, im ersten Prozessabschnitt isentrop komprimiert, wobei die Entropie unverändert bleibt. Im zweiten Prozessabschnitt wird isobar gekühlt, bis das Kältemittel sich verflüssigt.

Darauf folgt im dritten Abschnitt eine isenthalpe Expansion, bei der keine Wärmemenge verloren bzw. gewonnen wird, die Enthalpie bleibt unverändert.

In dem letzten Prozessabschnitt verdampft das flüssige Kältemittel vollständig, unter Zufuhr von Verdampfungsenthalpie. Dabei bleibt der Verdampfungsdruck konstant, bei idealisierter Betrachtung. Der Kaltdampfprozess hat den Ausgangspunkt erreicht und durchläuft erneut den Kreis.[10]

---

[10] System Physik: Kaltdampfprozess.[20.03.2011]

3. Darstellung der Gebäudekennwerte

3.1 Objektdaten

In der Tab.1 werden den Räumen der Verkaufsstätte Raumtemperaturen, Raumflächen und das Raumvolumina zugeordnet.

Raum-Nr./-Bezeichnung	festgelegte Raumtemperatur [°C]	Raumfläche [m²]	Raumvolumen [m³]
1.Verkaufsraum	20	823,68	2471,00
2.Pfand-Lagerraum	20	17,25	52,10
3.Hauptlagerraum	20	301,15	903,50
4.WC-Herren	20	3,58	12,36
5.WC-Damen	20	3,69	11,06
6.Aufenthaltsraum-Mitarbeiter	20	19,32	57,69
7.Technikraum	20	8,42	25,25
8.Büroraum	20	9,68	29,04
9.Flur	15	5,79	17,37
Summe ∑	-	1192,56	3579,37

Tab.1: Raumdaten der Verkaufsstätte

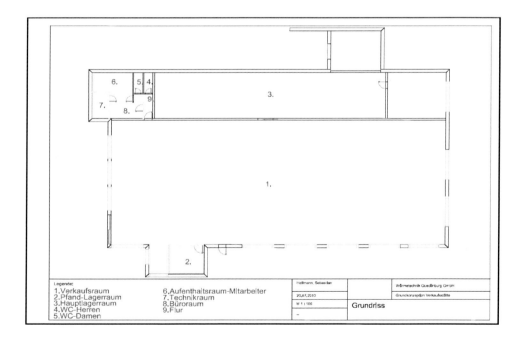

Abb.3: Grundriss der Verkaufsstätte

3. Darstellung der Gebäudekennwerte

In Abb.3 ist der Grundriss der Verkaufsstätte mit den Raumnummerierungen und dazugehörigen Raumbezeichnungen dargestellt.

3.2 Heiz- und Kühllast

Die Kühl- und Heizlast wurde vom Unternehmen Wärmetechnik Quedlinburg GmbH ermittelt. Die Heizlast wurde nach der DIN EN 12831 von mir überprüft.

Der vorgegebene Wert der Heizlast von **60kW**, stimmt mit dem ermittelten Ergebnis des Autors überein.

Die detaillierten Heizlastberechnungen, inklusive mechanischer Infiltration, befinden sich in der Excel- Arbeitsmappe Heizlast-Formblätter_ Verkaufsstätte.xls.

Gegenüberstellung der Heiz- und Kühllasten der Verkaufsstätte

Die Heiz- und Kühllast der einzelnen Räume sind in der Tab.2 gegenüber gestellt. Als Standort wird Kassel betrachtet. Die Summe der Heiz- und Kühllast ist in der Farbe Rot dargestellt.

Raum-Nr./ Bezeichnung	Kühllast nach VDI 2087	Heizlast nach DIN EN 12831
	[W]	[W]
1.Verkaufsraum	47920,50	42284,80
2.Lagerraum Pfand	983,00	1111,71
3.Hauptlagerraum	13620,00	13892,41
4.WC-Herren	106,00	273,20
5.WC-Damen	108,00	277,10
6.Aufenthaltsraum- Mitarbeiter	809,50	1186,10
7.Technikraum	50,30	504,03
8.Büroraum	230,00	369,61
9.Flur	-	89,50
Σ Kühl- und Heizlast [kW]	63,83	59,99

Tab.2: Heiz- und Kühllast der Räume in der Verkaufsstätte

3. Darstellung der Gebäudekennwerte

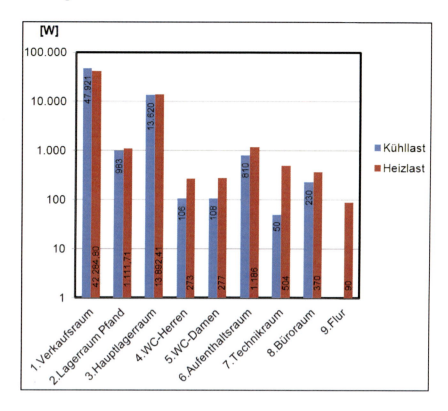

Abb.4: Gegenüberstellung von Heiz- und Kühllasten der Verkaufsstätte

In der Abb.4, in dem Diagramm wird aufgezeigt in welchem Verhältnis die Heizlast zur Kühllast im Raum des Objektes steht.

4. Gasmotorwärmepumpe

4.1 Definitionen und Vorbetrachtung

Definition Temperaturgradient

Der Temperaturgradient gibt an, wie sich die Temperatur in Abhängigkeit vom Ort verhält und in welche Richtung der Verlauf stattfindet. Das räumliche Temperaturgefälle hat die Einheit Kelvin pro Meter.[11]

Definition Kältemittel

Ein Kältemittel ist ein Fluid, welches einen Kreisprozess durchströmt. Ein Kältemittel ermöglicht eine Temperaturaufnahme entgegen des Temperaturgradienten. Dadurch ist es möglich, dass ein zu kühlendes Objekt eine niedrigere Temperatur aufweist als die Umgebung. Als Kreislaufmedium werden verschiedenste Stoffe oder Gemische, unter Berücksichtigung der Eigenschaften, verwendet. Das Siede- und Verflüssigungsverhalten, bei unterschiedlichem Druck, gibt den Arbeitsbereich des Kältemittels vor.[12]

Einteilung der Kältemittel

Die chemische Einordnung erfolgt in organische- und anorganische Kältemittel. Stoffe die in der Natur auffindbar sind, werden als anorganische Kältemittel be-

---

[11] Online Enzyklopädie: Temperaturgradient. Unter: www.enzyklo.de/Begriff/Temperaturgradient. [03.08.2011]
[12] Siemens Schweiz AG: Kältetechnik. Unter, http://w1.siemens.ch/web/bt_ch/SiteCollectionDocuments/bt_internet_ch/support/Grundl_Kaelte.pdf. [21.08.2011], S.14-21

4. Gasmotorwärmepumpe

zeichnet. Dazu zählen Ammoniak, Wasser, Edelgase, Kohlendioxid, Luft und Schwefeldioxid.

Organische Kältemittel sind chemisch hergestellte Stoffe aus Kohlenstoff. FCKW wirkt ozonersetzend, die chemische Stabilität sorgt dabei für eine lange Verweildauer. Das sich abspaltende Chlor zerstört die schützende Ozonschicht und ein ungehindertes Eindringen der UV- Strahlung wird ermöglicht. In der Konsequenz dürfen nur noch Kältemittel verwendet werden, welche Chlorfrei sind.

In der Abb.6 aufgeführten Kältemittelübersicht, ist das Kältemittel nach anorganisch- und organisch unterteilt.[13]

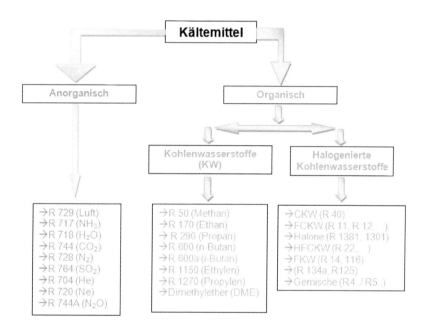

Abb.5: Kältemittelübersicht[14]

---

[13] Siemens Schweiz AG: Kältetechnik. Unter, http://w1.siemens.ch/web/bt_ch/SiteCollectionDocuments/bt_internet_ch/support/Grundl_Ka elte.pdf. [21.08.2011], S.14-21, eigene Aufarbeitung

4. Gasmotorwärmepumpe

4.2 Funktion und Aufbau der Gasmotorwärmepumpe

Abb.6: AISIN Gasmotorwärmepumpe[15]

Eine AISIN Gasmotorwärmepumpe setzt sich aus den in der Abb.8 dargestellten Hauptkomponenten zusammen. Das Kernstück ist ein gasbefeuerter Otto- Verbrennungsmotor des Typs Toyota, diser als Antrieb der Verdichter dient. Die Motordrehzahl ist gegenüber einem Pkw vergleichsweise niedrig und liegt zwischen 800 bis 2200 1/min.

Der Zylinder und der Brennraum sind für eine Gasverbrennung optimiert. Der Zündzeitpunkt ist von der Qualität des Gases abhängig und wird von einer Zündelektronik angepasst. Die Gasmotorwärmepumpe kann sowohl mit Erdgas als auch mit Flüssiggas betrieben werden.[16]

---

[14] Heinz Veith: Grundkurs aus der Kältetechnik. Kältemittel. Unter: http://bilder.buecher.de/zusatz/24/24848/24848189_lese_1.pdf,S.5 [03.09.2011]
[15] AISIN: Installationsanleitung der Außeneinheit. Unter: http://www.aisin.de/wp-content/uploads/2011/07/IHB-NEU-20HP-091222.pdf. S.1 [07.08.2011]
[16] Dr.-Ing. Dipl.-Ing Ulrich Arndt: Luft-Kältemittel-Anlagen mit Gasmotor-Antrieb, Unter: http://eschenfelder-kku.de/fileadmin/user_upload/Aktuelles/Artikel-Luft_Kaeltemittel_Anlagen_mit_Gasmotorantrieb.pdf. S.44 [01.09.2011]

4. Gasmotorwärmepumpe

Je nach Modell sind pro Einheit ein- bis vier Verdichter verbaut. Des Weiteren besteht die Option jeden Hochgeschwindigkeits- Scroll- Kompressor stufenlos zu regeln. Realisiert wird dieser Vorgang per Riemenantrieb, wie in Abb.7 aufgezeigt ist. Getrennt wird die Kraftübertragung zwischen Antriebswelle und den Verdichtern über eine Magnetkupplung.[17]

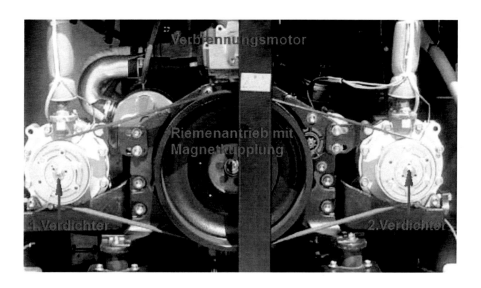

Abb.7: Verdichter der GMWP mit Riemen und Magnetkupplung[18]

Durch die modulierbare Drehzahl des Motors, wird eine stufenlose Leistungsanpassung realisiert, womit ein Teillastbetrieb möglich ist.

---

[17] BDEW: Broschüre Heizen-Kühlen-Klimatisieren mit Gas, Unter: http://www.gewerbegas-online.de/fileadmin/user_upload/dokumente/kuehlen_und_klimatisieren.pdf. 20.08.2011, S.9-13
[18] Kältetechnik Rauschenbach GmbH: GMWP Informationsmateriel, Unter: http://www.rauschenbach.de/Download2/Info%20aisin.pdf. S.2 [02.09.2011]

4. Gasmotorwärmepumpe

Nach Herstellerangaben kann durch Modulation der Nennleistung im Heiz- und Kühlbetrieb, zwischen 50% darunter und bis zu 30% darüber erreicht werden.

Hinter den Verdichtern befindet sich ein Ölabscheider, der das Öl von dem gasförmigen Kältemittel trennt und den Verdichtern erneut zur Verfügung stellt.

Des Weiteren sind zwei miteinander verbundene 4-Wege- Umschaltventile im Kältemittelkreislauf verbaut, die das Schalten zwischen dem Heiz- und Kühlbetrieb organisieren. In der Außeneinheit der Gasmotorwärmepumpen befinden sich die Ventilatoren, welche die Außenluft auf die Platten- Wärmeübertrager befördern.

Der Wärmetauscher wird für die Heiz- und Kühlphase genutzt. Somit kann der außenliegende Wärmeübertrager die Wärmeenergie im Kühlmodus an die Umgebung abgeben und im Heizmodus, bei geeigneten Außentemperaturen Wärmeenergie aufnehmen und dem Kältemittel zum Verdampfen bereitstellen.

Bei zu niedrigen Außentemperaturen, gewährleistet ein zusätzlicher Wärmeübertrager, der die Motorabwärme des Kühlwassers nutzt, eine sichere und stabile Funktion.

Die Führung des flüssigen Kältemittels in der Heizphase, zu den zwei Wärmeübertragern in der Außenstation, wird durch zwei druckreduzierende Durchflussmengen- Regelventile geregelt. In der Kühlfunktion wird das vom Verbraucher kommende Kältemittel, durch ein Expansionsventil in der Außeneinheit befördert und erreicht einen unterkühlten Zustand. [19]

---

[19] Herstellerangaben: AISIN Operating Principle, Abrufdatum: 15.03.2011

4. Gasmotorwärmepumpe

Das Heißgas- Bypassventil kann bei Vereisung die benötigte Energie zum Abtauen in den Wärmeübertrager führen. Somit besteht keine Möglichkeit, dass das System zum erliegen kommt, da das Abtauen während des Betriebes erfolgt.[20]

Folgende wesentlichen Komponenten organisieren die Heiz- und Kühlfunktion der Gasmotorenwärmepumpe.

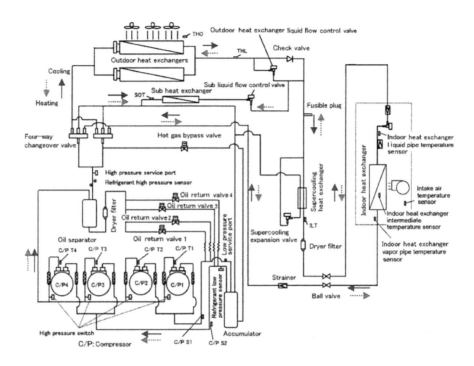

Abb.8: Funktionsprinzip der GMWP für den Heiz- bzw. Kühlmodus

---

[20] Honeywell: Heißgas- Bypass Regler, Unter http://www.honeywell-cooling.com/pdfs/products/Hot_Gas_Bypass_Valves/1_Hot_Gas_Bypass_Valves/1_CVC,%20HLE/DB/de/KAT-CVC-001%20-%20GE0H1913GE23R0709.pdf, Abrufdatum: 02.06.2011

4. Gasmotorwärmepumpe

4.3 Der GMWP- Kreislaufprozess für den Heizbetrieb

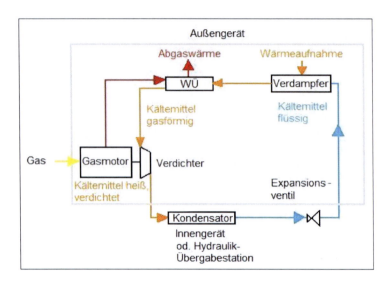

Abb.9: Funktionsschema der Gasmotorwärmepumpe im Heizbetrieb

In der Abb.10 ist abgebildet, wie der überhitzte Kältemitteldampf in den Scroll-Kompressoren komprimiert wird. Dabei erfährt der Heißdampf eine Druckerhöhung und einen Temperaturanstieg (2). Dieser Heißdampf wird, durch die vom Hersteller bezeichnete Druckleitung, in den Kondensator gedrückt und dann vom Heißdampfgebiet in das Nassdampfgebiet überführt (3´). Das Heißgas gibt in dem Kondensator seine Wärmeenergie isobar, über einen Wärmeübertrager, direkt an den Verbraucher ab. Infolge der Abgabe von Kondensationswärme, kondensiert das Kältemittel vollständig (3´) aus und wird unterkühlt (3). In einem elektronisch gesteuerten Expansionsventil wird das unterkühlte Kältemittelkondensat isenthalp entspannt. Das entspannte Kältemittel kommt in Form von unterkühltem Kondensat bzw. Kältemittelnassdampf in der Leitung (4) vor. Durch die vom Hersteller bezeichnete Flüssigkeitsleitung, bewegt sich das Kältemittel zurück in die Verdampfer der Außeneinheit, wo es durch den außenluftumströmten Wärmeübertrager und einem Motorabwärme- Wärmeübertrager geführt wird. Dabei entzieht das verflüssigte Kältemittel aus der Umgebungsluft bzw. bei zu niedrigen Außentemperaturen aus der Motorkühlung Verdampfungswärme, welche es aufnimmt (1´). Dabei wird der Kältemitteldampf

4. Gasmotorwärmepumpe

überhitzt (1), um die Verdichter vor mechanischen Schäden zu schützen. Darauf wird der überhitzte Kältemitteldampf zurück in die Verdichter gesogen und der Prozess beginnt erneut.

Die schematische Arbeitsweise der Gasmotorwärmepumpe im Heizbetrieb, ist in der Abb.11 aufgeführt.

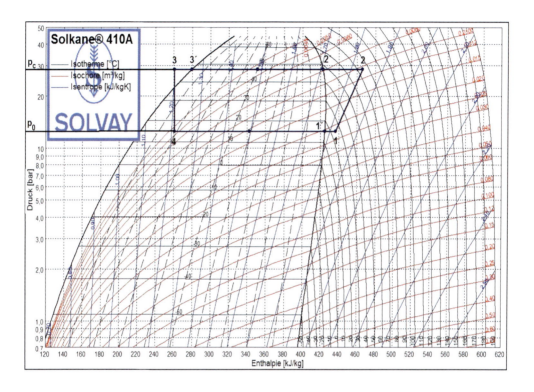

Abb.10: GMWP- Heizprozess im log(p),h-Diagramm, erstellt mit Solkane 7.0.0

Leistungsberechnung der GMWP- Komponenten

Die Berechnung wird am Beispiel der AISIN GMWP, Modell AXGP560D1N, durchgeführt.

In der Tab.3 sind die Ausgabeparameter für die Heizfunktion der Gasmotorwärmepumpe aufgezeigt. Diese wurden mit dem Programm Solkane 7.0.0,

4. Gasmotorwärmepumpe

für das Kältemittel R410A ermittelt. Durch die Enthalpiedifferenzen und der Kondensationsenergie, kann die vom Verdichter aufgebrachte Leistung ermittelt werden.

Ermittlung des Kältemittelmassenstromes

In der GMWP findet die Verdampfung und in dem Verbraucher die Kondensation statt. Die Kondensationsleistung kann mit der Gl.1 ermittelt werden.

$$Q_C = \dot{m}_C \cdot (h_2 - h_3) \qquad [kW] \qquad Gl.1$$

Durch Umstellung der Gl.1 nach dem Massenstrom, ergibt sich die Kondensationsleistung dividiert durch die Enthalpiedifferenz $\Delta h_{2,3}$ zwischen den Punkten 2 – 3 im Diagramm.

Ausgangspunkt ist für die Berechnung des Kältemittelmassenstroms die Heizleistung der GMWP. Diese ist über den Verflüssiger an die Umgebung abzugeben. Die Enthalpien sind der Tab.3, Ausgabewerte des Programms Solkane, entnommen.

$$\dot{m}_C = \frac{Q_C}{(h_2 - h_3)} = \frac{67 kJ \cdot kg}{205{,}27 kJ \cdot s} = 0{,}326 \frac{kg}{s}$$

Das Ergebnis des Massenstromes beträgt **0,326kg/s**.

Berechnung der spezifischen Kompressorenergie

Die spezifische Kompressorenergie $\Delta h_{w,K}$ wird in Abb.11 durch die Enthalpiedifferenz zwischen den Punkten 2 – 1 repräsentiert. Die Enthalpiewerte sind der Tab.3 entnommen und wurden in die Gl.2 eingesetzt.

$$\Delta h_{w,K} = h_2 - h_1 \qquad \left[\frac{kJ}{kg}\right]$$

Gl.2

4. Gasmotorwärmepumpe

$$\Delta h_{w,K} = 436{,}46\,\frac{kJ}{kg} - 424{,}68\,\frac{kJ}{kg} = \underline{\underline{11{,}78\,\frac{kJ}{kg}}}$$

Es ergibt sich somit eine spezifische Kompressorenergie von **11,78kJ/kg**.

Bestimmung der spezifischen Verdichterleistung

Durch Multiplikation der spezifischen Kompressorenergie $\Delta h_{w,K}$ mit dem Massenstrom $\dot{m}$ ergibt sich die zugeführte mechanische Verdichterleistung, nach Gl.3.

$$P = \dot{m} \cdot \Delta h_{w,K} \qquad [kW] \qquad\qquad \text{Gl.3}$$

$$P = 0{,}326\,\frac{kg}{s} \cdot 11{,}78\,\frac{kJ}{kg} = \underline{\underline{3{,}84\,kW}}$$

Somit beträgt die von dem Verdichter aufgebrachte Leistung **3,84kW**.

Berechnung der Verdampfungsleistung

Der Verdampfungsvorgang wird im log(p),h-Diagramm, in der Abb.11, von der Strecke zwischen den Punkten 4 – 1' - 1 gekennzeichnet. Die aufgenommene spezifische Verdampfungsleistung $\dot{Q}_o$ wird von der Umgebungsluft entzogen. Falls die Temperatur der Umgebung unzureichend ist, wird ein Abgaswärmeübertrager zwischen geschaltet. Die Berechnung erfolgt mit den entnommenen spezifischen Enthalpien aus der Tab.3.

Während der Verdampfung, zwischen den Punkten 4 – 1', nimmt das flüssige Kältemittel spezifische Verdampfungsenergie Δh_o auf. Mit der Gl.4 wird der Wert errechnet und ergibt **164,16kJ/kg**.

$$\Delta h_o = h_1' - h_4 \qquad \left[\frac{kJ}{kg}\right] \qquad\qquad \text{Gl.4}$$

$$\Delta h_o = 424{,}68\,\frac{kJ}{kg} - 260{,}52\,\frac{kJ}{kg} = \underline{\underline{164{,}16\,\frac{kJ}{kg}}}$$

4. Gasmotorwärmepumpe

Durch die Aufnahme von Energie, zwischen Punkt 1´ - 1, wird das gasförmige Kältemittel in einen überhitzten Zustand überführt. Dabei steigt die Temperatur an und der Druck p_0 bleibt dabei konstant. Die aufgenommene errechnete spezifische Überhitzungsenergie $\Delta h_{ü}$ wird mit der Gl.5 ermittelt und ergibt den Wert von **11,78kJ/kg**.

$$\Delta h_{ü} = h_1 - h_1´ \qquad \left[\frac{kJ}{kg}\right] \qquad \text{Gl.5}$$

$$\Delta h_{ü} = 436,46\frac{kJ}{kg} - 424,68\frac{kJ}{kg} = \underline{\underline{11,78\frac{kJ}{kg}}}$$

Die Verdampfungsleistung $\dot{Q}_o$ ist die aufgenommene Energie aus der Außenluft und des Abgaswärmeübertragers. Sie wird wie folgt berechnet, durch Addition der Verdampfungsenergie Δh_o mit der Überhitzungsenergie $\Delta h_{ü}$, multipliziert mit dem Massenstrom $\dot{m}$.

$$\dot{Q}_o = (\Delta h_o + \Delta h_{ü}) \cdot \dot{m}_C \qquad [kW] \qquad \text{Gl.6}$$

$$\dot{Q}_o = \left(164,16\frac{kJ}{kg} + 11,78\frac{kJ}{kg}\right) \cdot 0,326\frac{kg}{h} = \underline{\underline{57,36 kW}}$$

Die berechnete Verdampfungsleistung Δh_o der GMWP beträgt **57,36kW**.

Die Programmergebnisse für den Heizbetrieb sind in der folgenden Tabelle zusammen gefasst.

4. Gasmotorwärmepumpe

Verdampfer			Verflüssiger		
Temperatur	15	°C	Temperatur	47	°C
Überhitzung	10	K	Unterkühlung	10	K

	Druck	Temperatur	spezifisches Volumen	spezifische Enthalpie	spezifische Entropie
Symbol	p	t	v	h	s
Einheit	[bar]	[°C]	[dm³/kg]	[kJ/kg]	[kJ/(kg*K)]
Punkt					
1	12,54	25,00	22,12	436,46	1,8207
2	28,57	74,48	10,53	465,79	1,8377
2'	28,57	47,00	7,81	422,74	1,7083
3'	28,57	46,98	1,07	279,65	1,2623
3	28,57	36,89	1,00	260,52	1,2032
4	12,54	14,91	4,53	260,52	1,2103
1'	12,54	15,00	20,48	424,68	1,7805

Tab.3: Heizfunktion, Ausgabeparameter aus dem Programm Solkane 7.0.0

4. Gasmotorwärmepumpe

4.4 GMWP- Kreislaufprozess für den Kühlbetrieb

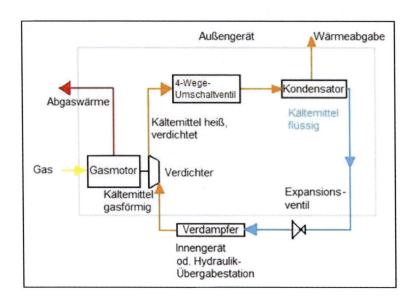

Abb.11: Funktionsschema der Gasmotorwärmepumpe im Kühlbetrieb[21]

In der Abb.12 ist erkennbar, dass in der Gasmotorwärmepumpe, der verdampfte und überhitzte Kältemitteldampf (1) in den Scrollkompressoren verdichtet wird. Das Heißgas, wird aus dem Heißdampfgebiet (2) in das Nassdampfgebiet (2´) überführt, indem es durch den außenluftumströmten Kondensator geleitet wird. Vor dem Kondensatoraustritt bzw. Wärmeübertrager, liegt das Kältemittel als gekühlter Nassdampf (3´) vor. Durch eine weitere Unterkühlung wird das Kältemittel in das Flüssigkeitsgebiet überführt (3). Damit wäre gewährleistet, dass das flüssige Kältemittel auf dem Weg zur Entspannungseinheit nicht verdampft. Das unterkühlte

---

[21] Autor: HTWK Leipzig, Zwischenbericht Versuchsanlage Hohenweiden

4. Gasmotorwärmepumpe

Kältemittel wird durch die Flüssigkeitsleitung, in das elektronisches Expansionsventil geleitet. In diesem kommt es zu einem Druckabfall und einer damit verbundenen Temperatursenkung. Es folgt der Eintritt (4) in den Wärmeübertrager, in dem das zuvor noch flüssige Kältemittel, durch Aufnahme von Wärmeenergie, des zu kühlenden Mediums, isotherm verdampft (1´) und dabei das Sattdampfgebiet überschreitet. Das Kältemittel wird in Folge dessen überhitzt und in das Heißdampfgebiet überführt (1). Der Kreisprozess ist durchlaufen und die Verdichter saugen das überhitzte Kältemittelgas erneut an.

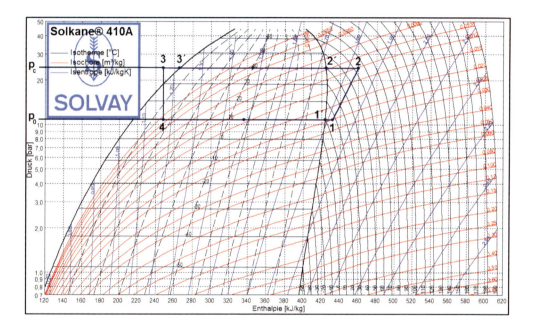

Abb.12: GMWP- Prozess im log(p),h-Diagramm für den Kühlbetrieb[22]

---

[22] Programm Solkane 7.0.0, R410A, 10.08.2011

4. Gasmotorwärmepumpe

Ermittlung des Massenstromes und der Leistung

Für den Kühlmodus wird die Berechnung für das Modell der GMWP- AXGP560D1N durchgeführt.

In der Tab.4 sind aus dem Programm Solkane 7.0.0 die Ausgabeparameter für die Kühlfunktion der Gasmotorwärmepumpe abgebildet. Die Werte sind für das Kältemittel R410A ermittelt. Aus dem Kreisprozess sind die Enthalpien und der Massenstrom bekannt, womit die aufgenommene Leistung ermittelt wurde. In dem log(p),h-Diagramm der Abb.12, sind die Zustandspunkte ersichtlich.

Berechnung des Kältemittelmassenstromes

Im Kühlmodus findet die Kondensation im zu kühlenden Objekt statt und die Verdampfung in der GMWP.

Mit der Gl.7 kann die Kondensationsenergie berechnet werden.

$$Q_0 = \dot{m}_0 \cdot (h_1 - h_4) \qquad [kW] \qquad \text{Gl.7}$$

Der Massenstrom $\dot{m}_0$ wird nach Umstellung der Gl.7 berechnet und verläuft zwischen den Punkten 1 – 4 des Diagramms. Für die Ermittlung ist die Kühlleistung $\dot{Q}_0$ der GMWP von 56kW bekannt, sowie die Enthalpien aus der Tab.4.

$$\dot{m}_0 = \frac{Q_0}{(h_1 - h_4)} = \frac{56 kJ \cdot kg}{(431{,}69 - 248{,}09) kJ \cdot s} = \underline{0{,}305 \frac{kg}{s}}$$

Somit lässt sich ein Massenstrom $\dot{m}_0$ von **0,305kg/s** errechnen.

Berechnung der spezifischen Kompressorenergie im Kühlmodus

Die spezifische Kompressorenergie wird mit der Gl.8 ermittelt. In der Abb.13 stellt die Strecke 2 – 1 die spezifische Kompressorenergie dar. Die Enthalpien hierfür wurden aus der Tabelle 4 entnommen.

4. Gasmotorwärmepumpe

$$\Delta h_{w,K} = h_2 - h_1 \qquad \left[\frac{kJ}{kg}\right] \qquad \text{Gl.8}$$

$$\Delta h_{w,K} = 459{,}84\,\frac{kJ}{kg} - 431{,}69\,\frac{kJ}{kg} = \underline{\underline{28{,}15\,\frac{kJ}{kg}}}$$

Es ergibt sich die spezifische Kompressorenergie von **28,15kJ**.

Ermittlung der zugeführten mechanischen Verdichterleistung

Unter Zuhilfenahme des Massenstromes $\dot{m}_0$, multipliziert mit der $\Delta h_{w,K}$, erhält man die aufzubringende mechanische Verdichterleistung. Das geschieht mit der Gl.3 und somit ergibt sich eine mechanische Verdichterleistung von **8,59kW**.

Berechnung der Kondensationsleistung

Die Kondensation findet in der GMWP statt, dabei wird Energie an die Außenluft übertragen. Dieser Prozess findet im log p,h- Diagramm in Abb.13, zwischen der Strecke 2 – 2´ - 3´ – 3 statt. Die Enthalpien sind der Tab.4 entnommen.

Die Enthitzung ist die Enthalpiedifferenz zwischen den Punkten 2 – 2´. Berechnet wird dieser Vorgang durch die Enthalpiedifferenz beider Punkte. Und ergibt eine spezifische Enthitzungsenergie Δh_{oh} von **35,01kJ/kg**.

Im Kondensator findet in dem Abschnitt 2´ - 3´ die Verflüssigung statt. Die spezifische Verflüssigungsenergie Δh_{Verf} errechnet sich aus der Enthalpiedifferenz der beiden Punkte. Damit ergibt sich eine spezifische Verflüssigungsenergie von **158,77kJ/kg**.

Um eine vollständige Verflüssigung zu erzielen, ist eine Unterkühlung notwendig. Die spezifische Unterkühlungsenergie Δh_u wird zwischen den Punkten 3´ - 3 ermittelt. Die Berechnung ergab einen Wert von **17,97kJ/kg**.

Durch Addition der zuvor berechneten Enthalpiedifferenzen, zwischen den Punkten 2 – 2´ - 3´ – 3 und der anschließenden Multiplikation mit den Massenstrom $\dot{m}$, erhält man die Verflüssigerleistung Q_C. Es lässt sich damit eine Verflüssigerleistung von **64,58kW** ermitteln.

4. Gasmotorwärmepumpe

Verdampfer			Verflüssiger		
Temperatur	7	°C	Temperatur	40	°C
Überhitzung	10	K	Unterkühlung	10	K

Symbol	Druck p	Temperatur t	spezifisches Volumen v	spezifische Enthalpie h	spezifische Entropie s
Einheit	[bar]	[°C]	[dm³/kg]	[kJ/kg]	[kJ/(kg*K)]
Punkt					
1	10,85	17,00	25,14	431,69	1,8181
2	24,19	64,09	12,28	459,84	1,8349
2'	24,19	40,00	9,69	424,83	1,727
3'	24,19	39,88	1,02	266,06	1,2206
3	24,19	29,88	0,97	248,09	1,1634
4	10,85	9,91	4,50	248,09	1,1695
1'	10,85	17,00	25,14	431,69	1,8181

Tab.4: Ausgabeparameter des Programmes Solkane 7.0.0 in der Kühlfunktion

4.5 Parameter der GMWP

Diese dienen der Beurteilung von einzelnen Bestandteilen, bis hin zum gesamten System. Dazu wird das Verhältnis der Nutzenergie zum erbrachten Aufwand gebildet. Es muss dabei auf die Einhaltung der korrekten Bezugsgrenze geachtet werden, die bei einem Vergleich von unterschiedlichen Komponenten und Systemen zu

4. Gasmotorwärmepumpe

definieren ist. Es gibt Kenngrößen die nach der Energie, sowie nach der Leistung unterteilt sind. Die Kenngrößen müssen unter Laborbedingungen oder bei bestehenden Anlagen gemessen werden.[23]

Leistungsbezogene Kenngrößen:

Die Bildung wird über das Verhältnis der Nutzleistung zur aufgenommenen Leistung ermittelt.

- ε_K
- Gütegrad η_G
- Wirkungsgrad η
- COP
- EER
- ESEER
- IPLV

Energieabhängige Parameter:

Werden durch das Verhältnis zwischen Nutzenergie zur aufgenommenen Energie gebildet.

- JAZ od. β
- SPF

Bei Gasklimageräten wird speziell der COP, entspricht der Leistungszahl ε, angewendet. Damit kann das Verhältnis der abgegebenen Wärmeleistung zur aufgewen-

---

[23] Bollin, Elmar; Becker Martin: Automation regenerativer Wärme- u. Kälteversorgung von Gebäuden. S.82-85

4. Gasmotorwärmepumpe

deten Leistung des Verdichters beschrieben werden. Die Grundgleichung dafür lautet:[24]

$$\varepsilon = \frac{\dot{Q}_{ab}}{\dot{Q}_{Gas} \cdot \dot{Q}_{elektr}} \qquad [-] \qquad \text{Gl.9}$$

Der Hersteller AISIN gibt die abgegebene, die aufgenommene und elektrische Leistung der einzelnen GWMP- Modelle an. Als Beispiel wird der $COP_{H/K}$, des Modells AXGP560D1N, ermittelt. Die vorgegebenen Leistungen sind in die Gl.9 einzusetzen.

$$COP_H = \frac{\dot{Q}_{ab,H}}{\dot{Q}_{Gas,H} + \dot{Q}_{elektr,H}} = \frac{67kW}{39,80kW + 1,29kW} = \underline{\underline{1,63}}$$

$$COP_K = \frac{\dot{Q}_{ab,K}}{\dot{Q}_{Gas,K} + \dot{Q}_{elektr,K}} = \frac{56kW}{39,60kW + 1,23kW} = \underline{\underline{1,37}}$$

Der COP für die Beheizung beträgt 1,63 und für die Kühlung 1,37. Dies hat folgende Bedeutung, dass das 1,63- fache für die Beheizung und das 1,37 -fache für die Kühlung, der elektrischen Antriebsleistung in nutzbare Leistung umgesetzt wird.

In der Tab.5 sind vom Hersteller AISIN angebotene GMWP- Modelle und die ermittelten COP- Werte für den Heiz- und Kühlmodus aufgeführt.

---

[24] Weiler, Christoph: Pilotprojekt Gasklimageräte im Europapark Rust, Produktion Energie. S.77

4. Gasmotorwärmepumpe

Leistung	Modus	Einheit	AISIN GMWP- Modelle					
			AXGP224D 1N/P	AXGP280D 1N/P	AXGP355D 1N/P	AXGP450D 1N/P	AXGP560D 1N/P	AXGP710D 1N/P
Nennleistung	Heizen	kW	26,50	33,50	42,50	53,00	67,00	85,00
	Kühlen	kW	22,40	28,00	35,50	45,00	56,00	71,00
elektrisch	Heizen	kW	0,86	0,86	0,86	1,29	1,29	1,44
	Kühlen	kW	0,82	0,82	0,82	1,23	1,23	1,34
Gasverbrauch	Heizen	kW	16,30	21,30	26,00	30,90	39,80	53,70
	Kühlen	kW	16,00	19,70	25,60	30,00	39,60	53,10
COP	Heizen	kW	1,54	1,51	1,58	1,65	1,63	1,54
	Kühlen	kW	1,33	1,36	1,34	1,44	1,37	1,30

Tab.5: COP- Kenngrößenermittlung der AISIN GMWP- Modelle

4.6 Schallemissionen der GMWP

Der Motor als Antrieb der GMWP erzeugt eine Schallleistung. Deshalb sollte je nach Aufstellungsort, ein ausreichender Abstand zwischen der Quelle und der Bezugspunkt bestehen. Der Schalldruck der Quelle zum Bezugspunkt, bei einem Abstand von 1m, wurde vom Hersteller AISIN angegeben. Die Werte des Herstellers wurden in der Tab.7 als arithmetisches Mittel zusammen gefasst. Der Schalldruckpegel sinkt mit zunehmender Entfernung zwischen Bezugspunkt und Quelle. Die Berechnung ist mit der Gl.10 zu realisieren.[25]

$$L_1 - L_2 = 10 \cdot \log\left(\frac{r_2^2}{r_1^2}\right) \qquad [dB] \qquad \text{Gl.10}$$

Durch Umstellung der Gl.10 nach L_2, kann der Schalldruck in einer bestimmten Distanz ermittelt werden.

---

[25] HTWK Leipzig: GHP, Abschlussbericht, Versuchsanlage Hohenweiden. S.37-39

4. Gasmotorwärmepumpe

$$L_2 = -\left(10 \cdot \log\left(\frac{r_2^2}{r_1^2}\right)\right) + L_1 \qquad [dB] \qquad Gl.11$$

Als Beispiel wird die GMWP AXGP 710 D1 N/P heran gezogen. Der von der Quelle aus einer Distanz von 1m ermittelte Schalldruckpegel liegt bei 61dB. Berechnet wird der Schalldruckpegel in 10m Entfernung mit der Gl.11.

Beispielrechnung:
$$L_2 = -\left(10 \cdot \log\left(\frac{r_2^2}{r_1^2}\right)\right) + L_1 = -\left(10 \cdot \log\left(\frac{10^2}{1^2}\right)\right) + 61dB$$
$$\underline{L_2 = 41dB}$$

Der errechnete Wert von 41dB, im Vergleich zu den Vorgaben aus der Tab.6, wirkt nicht schädigend und auf Dauer nicht belästigend.

Gebiet	tags [dB]	nachts [dB]
innerhalb von Gebäuden	35	25
Gewerbegebiet	65	50
Stadt, Dorf (Kerngebiet)	60	45
allgemeine Wohngebiete	60	45
reine Wohngebiete	50	35
Kranken-, Pflege-, Kurhaus	45	30
kurzzeitige Geräuschspitzen, Addition auf die vorherige Werten	Wert+45	Wert+35

Tab.6: Immissionswerte für Technische Anlagen[26]

In der Tab.7 sind für alle AISIN GMWP- Modelle der Schalldruckpegel aus 1m[27] und der arithmetische Wert aus 10m aufgeführt.

---

[26] Verwaltungsvorschrift zum Bundes- Immissionsschutzgesetz: Technische Anleitung zum Schutz gegen Lärm- TA. S.7

4. Gasmotorwärmepumpe

Modell	Vorne	Hinten	Rechts	Links	arithmetisches Mittel (1m)	arithmetisches Mittel (10m)
	[dB]	[dB]	[dB]	[dB]	[dB]	[dB]
AXGP 224 D1 N/P	56	56	54	54	55,0	35,0
AXGP 280 D1 N/P	57	57	56	56	56,5	36,5
AXGP 355 D1 N/P	57	57	56	56	56,5	36,5
AXGP 450 D1 N/P	57	57	56	56	56,5	36,5
AXGP 560 D1 N/P	58	58	57	57	57,5	37,5
AXGP 710 D1 N/P	62	62	60	60	61,0	41,0

Tab.7: Schalldruckpegel der GMWP aus 1m und 10m Entfernung

4.7 Einsetzbare Brennstoffe

Die GMWP kann nur mit einem Brenngas versorgt werden. Gas hat gegenüber anderen fossilen Brennträgern wesentliche Vorteile. Dazu zählen eine hohe Energieausbeute in Folge der Verbrennung und die geringe Schädlichkeit der entstandenen Verbrennungsabgase. Der Nachteil ist, dass fossile Brennstoffe endlich sind, sie müssen daher gezielt und sparsam zum Einsatz kommen.

Erdgas

Es besteht zum größten Teil aus Methan und ist ein Naturgas. Es wird in einem verzweigten Leitungsnetz, unter hohem Druck oder verflüssigt in Behältern transportiert. Eine stabile Versorgungssicherheit ist somit gewährleistet. Durch Erdgas entsteht die geringste Ausstoßmenge Kohlendioxid und Kohlenmonooxid, aller fossiler Brennstoffe. Der Treibhauseffekt kann gegenüber anderen fossilen Brennstoffen gering gehalten werden.

---

[27] AISIN EnerSys: Technisches Handbuch für AISIN GWMP der D-Serie und VRF-Innengeräte, Schalldruckpegel. S.18 und 46

4. Gasmotorwärmepumpe

Angeboten wird es als Erdgas- L (Low- Caloric), mit 80,1- 87% Methangehalt, Erdgas- H (High- Caloric), mit 87- 98,9% Methangehalt und LNG ist verflüssigtes Erdgas.[28]

Propangas

Propangas ist ein Abfallprodukt aus der Erdgasförderung. Es lässt sich leicht verflüssigen. Transportiert wird Propan in flüssiger Form, zum Speichern dienen Behältnisse, Tanks. Es existiert in Deutschland kein Propangas Leitungsnetz. Falls ein Anschluss an ein Erdgasnetz unmöglich ist, kann es alternativ genutzt werden. Die Versorgungssicherheit besteht ganzjährlich.[29]

Sicherheit vor und bei einem Gasaustritt

Erdgas und Propangas sind geruchslos und könnten bei einem Austritt nicht wahrgenommen werden. Daher wird ein Geruchsstoff hinzugegeben, dieser Vorgang wird als Odorierung bezeichnet. Zum Einsatz kommen leicht flüchtige Schwefelverbindungen. Die Odorierung ist im DVGW- Arbeitsblatt G 280-1 festgelegt.

In der Anlage wird unkontrolliertes entweichen durch bestimmte Regeleinrichtungen unterbunden. Bei Überschreitung eines definierten Volumenstromes verschließt als Bsp. ein Strömungswächter die Gasleitung vor der GMWP und verhindert ein austreten. Weitere Sicherheitseinrichtungen sind Sicherheitsabsperrungen, Flammenüberwachung, Gasmangelsicherung und Luftmangelsicherung.[30]

---

[28] Recknagel, Sprenger, Schramek: Taschenbuch…Klima Technik, Erdgase. 74.Auflage. S.233
[29] Recknagel, Sprenger, Schramek: Taschenbuch…Klima Technik, Raffeneriegase. 74.Auflage. S.232
[30] BDEW: Kühlen Klimatisieren mit Erdgas, Betriebsarten von Wärmepumpen. S.30-32

4. Gasmotorwärmepumpe

Abgasentstehung

Anlagen die im Freien aufgestellt sind, benötigen grundsätzlich keine Abgasführung. Dies gilt solange die Beeinträchtigung für Mensch und Tier und eine Vermischung zwischen Abgasen und der Verbrennungsluft auszuschließen ist. Die einzuhaltenden Regeln sind in den Technischen Regeln der Gasinstallation (DVGW/ TRGI) festgelegt.[31]

4.8 Mögliche Betriebsarten einer Gasmotorwärmepumpe

Die Auslegung von Gaswärmepumpen erfolgt nach der Heiz- und Kühllast und den vor Ort herrschenden Bedingungen. Daraus kann ermittelt werden ob eine Gaswärmpumpe den gesamten oder einen definierten Bereich des Bedarfes abdecken soll.[32] Folgende Möglichkeiten werden dabei unterschieden.[33]

Monovalente Betriebsweise

Diese Betriebsart ermöglicht eine ganzjährige Abdeckung, mit der Gasmotorwärmepumpe, für die gesamte Heiz- und Kühllast ohne dass ein weiterer Energieerzeuger benötigt wird. Selbst bei sehr niedrigen Außentemperaturen kann ein problemloser Betrieb ermöglicht werden.

---

[31] BDEW: Kühlen Klimatisieren mit Erdgas, Betriebsarten von Wärmepumpen. S.30-31
[32] Ihle, Prechtel: Die Pumpen-Warmwasser-Heizung, 4.Auflage. S.27-28
[33] BDEW: Kühlen Klimatisieren mit Erdgas, Betriebsarten von Wärmepumpen. S.27

4. Gasmotorwärmepumpe

Die übliche Anwendung dieser Variante erfolgt durch Sole/ Wasser, Wasser/ Wasser und Luft/ Luft Wärmepumpen.

Monoenergetische Betriebsweise

In diesem System wird die Gasmotorwärmepumpe nach einer sehr niedrigen Außentemperatur ausgelegt. Allerdings können diese niedrigeren Außentemperaturen überschritten werden, um diesen Anteil der Heizlast zu decken wird ein elektrischer Heizstab eingesetzt, der die nötige Wärmemenge erzeugt.

Bivalente Betriebsweise

Bei dieser Betriebsweise deckt die Gasmotorwärmepumpe nicht den gesamten Teil der Heizlast. Die Auslegung erfolgt nach der Deckung der Grundlast. Ein weiterer Wärmeerzeuger ist nötig, dieser muss die Spitzenlast abdecken. Diese Variante wird vorrangig genutzt.

Multivalente Betriebsweise

Eine Gasmotorenwärmepumpe im multivalenten Betrieb nutzt die direkte Speisung durch andere Energieträger bzw. Erzeuger. Als Beispiel dafür kann Abwärme von Prozessen oder regenerativen Energiequellen, wie z.B. Solarenergie eingebracht werden.

4. Gasmotorwärmepumpe

4.9 Nutzbare zur Verfügung stehende Wärmequellen

Unterirdisches Wasser • Grundwasser • Brunnenwasser • Quellwasser • Tiefenwasser	Oberflächenwasser • Flusswasser • Seewasser • Meerwasser
Kreislaufwasser • Wasserleitungsnetz • Fernheiznetz • Prozesswasser	Abwärme • Haushaltsabwasser • Kommunalabwasser • Industrieabwasser • Kühlwasser
Künstliche Wärmequellen • Abluft • Beleuchtungswärme • Personenwärme • Industrie Abluft • Prozesswärme • Speicherwärme	Natürliche Wärmequellen • Außenluft • Erdreich • Sonnenenergie

Abb.13: Nutzbare Wärmequellen[34]

---

[34] Fakultät für Maschinenwesen: Energieoptimierung für Gebäude. Unter: www.td.mw.tum.de/tum-td/en/studium/lehre/energopt_f_geb/download/skr_eopt/EOpt_7-3, S.10-11 [06.09.2011], eigene Aufbereitung

4. Gasmotorwärmepumpe

Definition Wärmequelle

Die Wärmequelle ist ein Medium, das Wärmeenergie absondert. Diese Abgabe der Wärmeenergie geschieht erwünscht oder unerwünscht, dabei sind unterschiedliche Übertragungswege möglich. Der Vorteil von vielen Wärmequellen ist, dass diese meist in großen Mengen zur Verfügung stehen. Ein Lieferant ist die Umwelt und unterschiedlichste Prozesse bei denen Verluste auftreten, die dann für die GMWP nutzbar sind. Ein wesentlicher Punkt für die Nutzung von Wärmequellen, ist eine konstante Quelltemperatur während der Nutzungsphase.

Nutzbare Wärmequellen für die Gasmotorwärmepumpe

Die Konzipierung und der Aufstellungsort einer GMWP lassen nur die Wärmequelle Außenluft zu.

Ein anderer Hersteller ermöglicht durch ein neuartiges System, individuelles, simultanes heizen und kühlen in einem System. Der Einsatz von künstlichen Wärmequellen, wie z.B. Publikumsverkehr, Beleuchtung, Warenkühlung und Zuluft ermöglichen dann eine Aufnahme von Wärmeenergie, welche im System genutzt wird. [35]

---

[35] Abschlussbericht Badenova AG & Co. Kg, 20.07.2011,
https://www.badenova.de/mediapool/media/dokumente/unternehmensbereiche_1/stab_1/innovationsfonds/abschlussberichte/2008_5/2008-13_Abschlussbericht_SPK_Staufen.pdf

5. Klimatisierung und Luftkonditionierung

5.1 Klimatisierung einer Verkaufsstätte

Die Kunden einer Verkaufseinrichtung legen sehr großen Wert auf die Qualität, der sich in der Verkaufsstätte befindlichen Umgebungsluft. Dieses Ziel wird in der Klimatechnik erreicht, durch Konditionierung der Luft, um eine angenehme und behagliche Umgebung zu schaffen. Dies geschieht durch Entfernung schädlicher Inhaltsstoffe, der Filtrierung und indem die Luftmassen thermodynamisch aufgearbeitet werden. Dazu gehören das Heizen,- Kühlen,- Entfeuchten und Befeuchten des Luft-Gasgemisches. Erhöhte Strömungsgeschwindigkeiten der Umgebungsluft, können zu Zugerscheinungen führen, welche zu vermeiden sind. Die Waren in den Verkaufsstätten sind hierbei nicht außer Acht zu lassen. Bei unangepassten Temperaturen sind eingelagerte Lebensmittel nicht ausreichend vor dem Verderben geschützt. In Folge dessen wird die Haltbarkeit beeinflusst und kann möglicherweise stark reduziert werden.[36]

Das Behaglichkeitsdiagramm zeigt den als angenehm empfundenen Bereich des Menschen, in Abhängigkeit von der relativen Raumluftfeuchte und der Raumlufttemperatur. Der Mensch empfindet es beispielsweise als behaglich, wenn wie in dem Diagramm in Abb.14 ersichtlich, die Relative- Raumluftfeuchte in % in einem bestimmten Verhältnis zu der Raumlufttemperatur steht. Der rot- und blaue Bereich kennzeichnet ein angenehmes Befinden, im äußeren-, hellen Bereich sollte der Mensch es als unbehaglich empfinden.

---

[36] Hofer, Ing. Gerhard; MSc Hauser GmbH: Optimarkt-Energieverbrauch und Treibhauspotenzial von Supermärkten, Reduktion….des Lebensmittelhandels, S.16-21

5. Klimatisierung und Luftkonditionierung

Angestrebt ist eine richtige Konditionierung der Raumluft, um die körperliche- und geistige Leistungsfähigkeit, ein angenehmes Lebensgefühl und die Gesundheit zu fördern.

In der DIN EN 13779, Lüftung von Nichtwohngebäuden, sind allgemeine Grundlagen und Anforderungen für Lüftungs- und Klimaanlagen, sowie Raumkühlsysteme festgelegt.

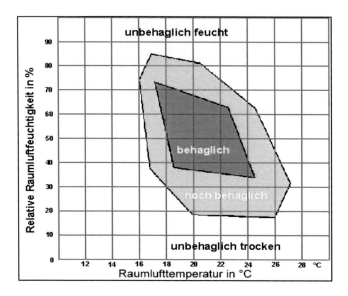

Abb.14: Behaglichkeitsdiagramm in Abhängigkeit der relativen Raumfeuchte[37]

---

[37] Dipl.-Wirtsch.-Ing. H. Pfeifer, Dipl.-Wirtsch.-Ing. (FH), Vogel: Gesundes Raumklima, Unter: http://www.bau-sv.de/raumklima/behaglichkeitsdiagramm.jpg,[02.09.2011]

5. Klimatisierung und Luftkonditionierung

5.2. Konzipierung einer Lüftungsanlage

Einteilung von Raumlufttechnischen Anlagen

Die nachfolgende Aufteilung unterscheidet Anlagen nach deren Trägermedium.[38]

- Nur- Luftanlagen

→ die konditionierte Luft deckt alle Raumlasten über Kanäle

- Luft- Wasseranlagen

→ Raumluft wird mit Kanälen und optionalen Systemen konditioniert

- Kältemittelanlagen

→ Kältemittel versorgt RLT- Gerät und/ oder Klimageräte im Raum

In der Raumlufttechnik werden RLT- Anlagen in drei verschiedene Druck- Typen unterteilt:

Unterdrucklüftung: Bei diesem System ist der ZUL- Strom < als der ABL- Strom.

Überdrucklüftung: Um einen Überdruck zu erzeugen ist der ZUL- Strom > als der ABL- Strom.

Verbundlüftung: Dazu wird der ZUL- Strom = dem ABL- Strom gehalten. Es wird nach drei verschiedenen Strömungsformen unterschieden[39]:

---

[38] Ihle, Klimatechnik mit Kältetechnik, Der Heizungsingenieur, 4.Auflage. S.72-85
[39] Prof. Dr. -Ing. H. Hahn: Klimatechnik Skript, Luftdurchlässe. S.01-15

5. Klimatisierung und Luftkonditionierung

Quellströmung→ Luft wird von unten eingeführt, steigt durch Konvektion nach oben

> niedrige ZUL- Geschwindigkeit (<0,2m/s), Heizen nicht möglich

Mischströmung→ Einbringung über Aufenthaltszone, Raumwalzenbildung, guter Durchmischungsgrad

> hohe ZUL- Geschwindigkeit (1- 3m/s), Heizen und Kühlen möglich

Verdrängungslüftung→ ZUL von oben od. der Seite, Schadstoffe der Luft abführen

> ZUL- Geschwindigkeit gering (<0,4m/s), Durchlassanordnung gegenüber od. darüber, Heizen unmöglich

5.3 Erstellung des Lüftungskonzeptes

Die GMWP erzeugt dezentral die Heiz- oder Kühlleistung. Diese wird mit Wärmeübertragern auf die Klimakassetten, auf die Raumluft der Räume einer Verkaufsstätte übertragen. Die Lüftungsanlage hat die Aufgabe einen Frischluftanteil in die Verkaufsstätte zu transportieren, dieser soll ausreichend und kontrolliert zur Verfügung stehen. Wenn ein Volumenstrom in das Objekt transportiert wird, muss im Gegenzug ein anderer Teil abgeführt werden. Eine Überdimensionierung der Anlage ist zu vermeiden, um unnötige Kosten zu einzusparen. Da in dieser Verkaufsstätte keine besonderen Anforderungen und Emissionen anfallen, ist nach DIN EN 13779 unter Punkt A.10.2 Gebäude, eine Lüftungsanlage neutral auszulegen. Das bedeutet, dass der ZUL- Volumenstrom gleich dem ABL- Volumenstrom entspricht. Bei der Einleitung von Frischluft muss eine Luftkonditionierung erfolgen. Dabei ist die Kühlung im Sommer und die Beheizung im Winter zu realisieren und damit ist verbunden, dass eine Wärmerückgewinnung in die Anlage integriert werden muss. Die Einbringung der Luft erfolgt über ZUL- Deckendurchlässe, die ABL soll ebenso von Durchlässen an der Decke abgesogen werden. Die Mischströmung wird hierfür in Betracht gezogen, somit entstehen keine Probleme durch heizen und kühlen und eine Durchmischung der Raumluft entsteht. Dadurch lassen sich nachhaltig Kosten einsparen. Das Lüftungsgerät ist vor äußeren Witterungen, z.B. durch Isolation und durch einen Frostschutz der Wärmeübertrager zu schützen. Eine

5. Klimatisierung und Luftkonditionierung

regelmäßige Überprüfung und Wartung der Lüftungsanlage muss gewährleistet sein. Ein wesentlich zu beachtender Punkt ist der Brandschutz.

Umsetzung des Konzepts

Im Unternehmen Wärmetechnik Quedlinburg GmbH existiert ein Unternehmenszweig, mit der Bezeichnung Klimabau. Sie haben sich spezialisiert auf die Konzipierung von RLT- Anlagen in Modulbauweise. Deren Produktpalette erstreckt sich von äußerst robusten und individuellen Lüftungskleingeräten für den Wohnungsbau, bis zu technisch komplexen, auf die Bedürfnisse zugeschnittene Vollklima- Zentralanlagen.

Funktionen:

- **Heizen und Kühlen ganzer Komplexe**
- **Be- und Entfeuchten der Raumluft**
- **Filterung durch Ad- Absorptionsfilter, die eine Qualitätsverbesserung der Raumluft erzeugen**
- **UV- Bestrahlung um die Qualität der Lufthygiene zu erhöhen**
- **Sauerstoffanreicherung der Raumluft**
- **abführen von ABL- lasten, wie aus Küchen**

Durch zuvor genannte Funktionen kann die Einhaltung der Hygienerichtlinie H 6021 und der VDI 6027 gewährleistet werden.

Die RLT- Module sind aus schwer entflammbaren Werkstoffen hergestellt. Die Produktpalette umfasst ein Standardprogramm, welches individuell mit zusätzlichen Funktionen ausgestattet werden kann. Dabei ist es möglich eine Anlagengröße von 500- 500.000m³/h zu realisieren. Die Produktinformationen wurden dem Autor zur Verfügung gestellt.

5. Klimatisierung und Luftkonditionierung

5.4 Dimensionierung der RLT- Anlage

5.4.1 Vorbetrachtung

Brandschutz bei RLT- Anlagen

Die Grundlage für den Brandschutz bilden die Richtlinien M-LAR und die M-LÜAR der Länder, für Lüftungsanlagen und deren Leitungsnetz.

Da die Unterbringung eines RLT- Gerätes gewissen Brandschutzauflagen unterliegt, ist auf die Verwendung von nur schwer entflammbaren Anlagenkomponenten zu achten. Das RLT- Gerät muss an einem gut zugänglichen Punkt der Verkaufsstätte installiert werden, der allerdings ausreichend Abschottung gegenüber der Verkaufseinrichtung bietet. Dafür eignet sich ein ungenutzter und abgetrennter Raum im Lager. Der Raum ist mit mindestens 2cm starken und einer mineralisch feuerwiderstandsfähigen Decke aus zu statteten. Türen müssen mit der höchsten Widerstandklasse gegen Brände abgesichert sein. Die umgebenden Wände müssen ebenfalls einen Widerstand gegen einen einsetzenden Brand gewährleisten. Außen- und Fortluftöffnungen sind so zu platzieren, dass eine Rauchaufnahme untereinander nicht möglich ist, Bauteildurchführungen sind abzudichten und mit Brandschutzklappen zu versehen. Die Lüftungsleitungen sind durch Isolation ausreichend vor einem Brand zu schützen. Des Weiteren sind keine Öffnungen zum Verkaufsraum gestattet.[40]

---

[40] Richtlinie über brandschutztechnische Anforderungen an Lüftungsanlagen

5. Klimatisierung und Luftkonditionierung

Einteilung des Systems[41]

Für diese Betrachtung wird im System, das Rohrnetz in einen AUL- ZUL- und ABL- FOL- Bereich unterteilt.

AUL- ZUL- Bereich

Dabei tritt die AUL durch ein Wetterschutzgitter in das Gebäude ein und durchströmt den Kanal. Gelangt dann durch eine verschließbare Jalousieklappe, in das RLT- Gerät. Darin wird die erste Filterstufe durchströmt, wo Partikel aus der Luft zurück gehalten werden. Angesaugt von einem Ventilator, bewegt sich die nicht konditionierte Luft in ein Wärmerückgewinnungssystem, wo je nach Bedarf Energie der Luft entzogen oder übertragen wird. Die Luft im RLT- Gerät kann bedarfsgerecht geheizt, gekühlt und entfeuchtet oder befeuchtet werden. Um den Hygieneanforderungen nach der VDI 6022 gerecht zu werden, durchströmt die Luft eine weitere Filterstufe, in der abgelöster Riemengummi des Antriebs abgehalten wird. Außerhalb des RLT- Gerätes wechselt die Luftmenge in den ZUL- Bereich. In einem Ventilator können sich unerträgliche Geräuschkulissen bilden, die dann in das Kanalsystem übergehen, ein eingesetzter Schalldämpfer kann den Luftschall deutlich reduzieren. Um Schwingungen nicht über das Kanalsystem zu leiten, werden entkoppelnde Verbindungen, z.B. Segeltuchstutzen, in den Kanälen installiert. Wenn der Kanal in einen anderen Brandabschnitt geführt wird, muss eine Brandschutzklappe installiert werden. Der Volumenstrom muss jetzt noch wie zuvor definiert, mit einem Volumenstromregler einreguliert werden. Durch Zuluftdurchlässe kann die konditionierte Luft in den Raum eintreten, womit der erste Bereich durchströmt ist.

---

[41] Kober, Raymond: Energieeffiziente Gebäudeklimatisierung, Raumluft in A++ Qualität,1. Auflage. S.35-117

5. Klimatisierung und Luftkonditionierung

ABL- FOL- Bereich

Die belastete ABL verlässt den Raum durch die Abluftdurchlässe und wird in einem geräuschmindernden Schalldämpfer gesogen und durchströmt das Kanalnetz. Im Kanalsystem werden anfallende Schwingungen mit dämpfenden Komponenten vom System entkoppelt. Die ABL tritt zurück in das RLT- Gerät, in dem die Verunreinigungen in der Filterstufe zurück gehalten werden, um somit Beschädigungen des Ventilators zu vermeiden. Da die ABL Energie mit sich führt, kann diese mit dem Wärmerückgewinnungssystem entzogen werden. Der Ventilator drückt ab diesem Abschnitt die belastete Luft, aus dem RLT- Gerät, durch eine verschließbare Jalousieklappe und wechselt in den FOL- Bereich. Bevor die FOL das Objekt verlässt, durchströmt sie das Wetterschutzgitter.

Schallemissionen

Der Innenlärmpegel sollte, wie aus der DIN EN 15251, den Grenzwert von 50dB nicht überschreiten. Eine Erhöhung des Schalldruckpegels L_p, kann das Verhalten von Kunden entscheidend beeinflussen. Die RLT- Anlage ist deshalb so auszurüsten, dass dieser max. Wert eingehalten und nach Möglichkeit unterschritten wird. Vorkehrungen die einen positiven Effekt erzielen sind Schalldämpfer hinter der RLT- Anlage, Segeltücher im Kanalsystem, Isolation des Kanalnetzes und ein niedrige Luftgeschwindigkeit im System.[42]

---

[42] DIN EN 15251: Eingangsparameter für das Raumklima zur Auslegung und Bewertung der Energieeffizienz von Gebäuden, Schall. S.18-42

5. Klimatisierung und Luftkonditionierung

Betriebsvorschrift

Nach vollständiger Installation muss eine Abnahme und Inbetriebnahme erfolgen, anschließend werden Dokumente zur Anlage und die Betriebsvorschrift übergeben.[43]

5.4.2 Auslegung der Systemkomponenten

Luftmengenbemessung

Der wirksame Luftvolumenstrom kann über unterschiedliche Wege ermittelt werden. Einen Ansatz bietet die DIN EN 13779 und die VDI 2082. Nach der DIN EN 13779 ist die Festlegung, aufgrund fehlender Besucherzahlen, nicht möglich. Deshalb wird die VDI 2082 herangezogen, die in der Tab. 1 einen Mindestaußenluftstrom angibt. Angegeben wird für Verkaufsstätten ein Außenluftstrom von 2- 6 m³/h*m². Der Bezug zur Raumgrundfläche ist für die Berechnung hilfreich. Durch Multiplikation vom Außenluftstrom mit der Raumgrundfläche, erhält man den wirksamen Außenluftvolumenstrom. In der Gl.12 wurde für die Beispielrechnung der Verkaufsraum gewählt.

$$\dot{V}_h = A_G \cdot \dot{V}_M \qquad \left[\frac{m^3}{h}\right] \qquad Gl.12$$

$$\dot{V}_h = 824 m^2 \cdot 4 m^3 / h \cdot m^2 = \underline{\underline{3296 \frac{m^3}{h}}}$$

---

[43] Wärmetechnik Quedlinburg: GMWP, Installationsarten. Unter: http://www.waermetechnik.com/aisin-gebietsvertretung/gaswaermepumpe/installationsarten/klima-kompakt-zentrale/ [04.09.2011]

5. Klimatisierung und Luftkonditionierung

Wie zuvor erwähnt, sind der AUL- und der FOL- Volumenstrom identisch, damit herrscht ein Druckausgleich. In der folgenden Tab.8 ist jedem Raum ein AUL- und FOL- Volumenstrom zugeordnet.

Raum-Nr./ Bezeichnung	Raumluft-temperatur	Grundfläche	nutzbare Fläche nach Abzug	Mindestaußen-luftvolumen-strom	Zuluftstrom	Überströmte-Luft	Abluftstrom
	[°C]	[m²]	[m²]	[m³/h*m²]	[m³/h]	[m³/h]	[m³/h]
1.1/Verkaufsraum	20	824	779	4	3296	-	3296
1.2/Lagerraum Pfand	20	17	11	2	35	-	35
1.3/Hauptlagerraum	20	301	274	2	602	-	602
1.4/WC-Herren	20	4	4	3	11	-	11
1.5/WC-Damen	20	4	4	3	11	-	11
1.6/Aufenthaltsraum	20	19	13	3	58	-	58
1.7/Technikraum	20	8	4	2	17	-	17
1.8/Büroraum	20	10	5	3	25	-	25
1.9/Flur	15	6	6	0	0	17	0
∑ Zuluftvolumenstrom	[m³/h]				4054,6		
∑ Abluftvolumenstrom	[m³/h]						4054,6

Tab.8: Wirksame Volumenströme nach Räumen unterteilt und Summiert

Dimensionierung des Kanalnetzes

Die erforderlichen Volumenströme wurden zuvor ermittelt. Um eine übersichtliche Anordnung der Luftauslässe zu realisieren, wurde ein Schema in Skizzenform erstellt. Die Auslässe darauf platziert und einen möglichen Rohrverlauf, mit möglichst kurzen Strecken aufgetragen. Diese angefertigte Skizze ist dem Anhang A beigefügt. Der Verlauf des Rohrnetzes konnte dann in Teilstrecken unterteilt werden. Die Dimensionierung erfolgte mit einer erstellten Excel Tabelle. Für die einzelnen Teilstrecken sind Geschwindigkeiten zu ermitteln, welche dem Tabellenbuch entnommen wurden.[44] In der Tabelle sind Geschwindigkeitswerte unterschiedlicher Bereiche der Lüftungsanlage aufgeführt. Für die Anlage werden Rohre mit runden

---

[44] Westermann. Günther, Miller, Patzel, Richter, Wagner: Anlagenmechanik für Sanitär-, Heizungs- und Klimatechnik,Tabellen, S.478, Tab.478.1

5. Klimatisierung und Luftkonditionierung

Querschnitten zum Einsatz kommen. Die Ermittlung der Rohrquerschnitte erfolgt mit Hilfe eines Rohrnetzrechners, indem über die Luftgeschwindigkeit und dem Luftvolumenstrom der runde Querschnitt angezeigt wird. Mit der Skizze werden die Rohrlängen ermittelt und in die erstellte Excel- Tabelle getragen. Das Druckgefälle R der geraden Rohre wird vom Hersteller vorgegeben. Als Beispielrechnung wird die Teilstrecke 3 gewählt. Für die Berechnung des Reibungsdruckverlustes im geraden Rohr R_O findet die Gl.13 Anwendung.

$$R_O = l \cdot R_L \qquad [Pa] \qquad Gl.13$$

$$R_O = 8,8m \cdot 0,8 \frac{Pa}{m} = \underline{\underline{7,04 Pa}}$$

Der Reibungsdruckverlust R_O in der Teilstrecke 1 beträgt 7,04Pa. Die in die Teilstrecken zu integrierenden Bauteile verursachen einen Widerstand in Form eines Druckverlustes. Diese wurden erfasst und in die Tab. Druckverluste durch Einzelwiderstände Z, in der Excel- Arbeitsmappe Rohrnetzauslegung- Heizung u. Kühlung_Systemvergleich.xls hinterlegt und betragen 22Pa für die TS1. Die statische Druckdifferenz Δp der Teilstrecke 1, wird durch summieren des Rohrreibungsdruckverlustes R_O und durch die Einzelwiderstände berechnet, nach Gl.14.

$$\Delta p = R_O + Z \qquad [Pa] \qquad Gl.14$$

$$\Delta p = 7,04 Pa + 22 Pa = \underline{\underline{29,04 Pa}}$$

Die statische Druckdifferenz Δp für die TS1 beträgt 29,04Pa.
Der totale Förderdruck Δp_t wird ermittelt aus der Summe des statischen und des dynamischen Druckes. Das System wird als druckneutral angesehen und befördert

5. Klimatisierung und Luftkonditionierung

den gleichen Volumenstrom in die Verkaufsstätte, wie auch zurück nach draußen. Theoretisch ist die statische Druckdifferenz Δp gleich dem totalen Förderdruck Δp_t, unter der Bedingung, dass die Leitungsquerschnitte der Luft Hin- und Rückleitung identisch sind.[45] In dem zu konzipierenden Leitungssystem sind die Leitungsquerschnitte der Hin- und Rückleitung eines gleichen Querschnitts, womit der totale Förderdruck Δp_t, in der TS1, 29,04Pa beträgt.

Die Summe des totalen Förderdruckes $\sum \Delta p$, der AUL-ZUL und FOL-ABL Leitung wird in der Tab.9 gegenüber gestellt. Der von dem Ventilator zu erzeugende Überdruck im FOL- ABL System beträgt 250Pa und im AUL- ZUL System muss ein Ventilator 286Pa erzeugen. Die ausführliche Tabelle der Berechnungen ist in der Excel- Arbeitsmappe mechanische Lüftung.xls angefügt.

Druckverlust	Zuluft [Pa]	Abluft [Pa]
Druckverlust im geraden Rohr	97	73
Druckverlust durch Einzelwiderstände	189	178
$\sum Z + R*l$	286	250
totaler Förderdruck	286	250

Tab.9: Erzeugende Ventilatordrücke für das Luftsystem

---

[45] CasaFan Ventilatoren: Druck in Lüftungsanlagen, statischer-, dynamischer-, totaler Druck, Unter: http://www.ventilator.de/druck-in-lueftungsanlagen. [03.09.2011]

5. Klimatisierung und Luftkonditionierung

Auswahl eines geeigneten RLT- Gerätes

Im Unternehmen Wärmetechnik Quedlinburg GmbH werden RLT- Geräte in modulbauweise vertrieben und es besteht eine langjährige Erfahrung im Bereich der Gebäudeklimatisierung. Eine RLT- Anlage wird aus deren Produktkatalog gewählt.

Das RLT- Gerät wird in einer Technikzentrale des Lagerraumes untergebracht, deren Abmaße beträgt 5,5m x 6,71m. Die genaue Positionierung ist der CAD- Zeichnung, aus dem Anhang A, zu entnehmen.

Für die Auswahl des richtigen RLT- Gerätes müssen der Druckverlust und der Volumenstrom für die Zu- und Abluft bekannt sein, sowie die Art der Wärmerückgewinnung.

Daten des RLT- Gerätes:

Das zur Anwendung kommende RLT- Gerät, ist ein ZUL- ABL- Gerät mit PWT, in dem ein Lufterwärmer und/ oder Luftkühler vorgesehen ist. Es ist ein Zentral- Lüftungsgerät, bei dem die Konditionierung in dem Modul vorgenommen wird. Die Kanalverbindungen des Moduls sind auf der Oberseite, das ergibt eine Platzersparnis durch eine verkürzte RLT- Länge. Der ZUL- Ventilator kann einen externen Druckverlust von 300Pa, der ABL- Ventilator einen ext. Druckverlust von 250Pa, überwinden. Das Gerät ist aus Modulen aufgebaut, und besitzt keinen Rahmen. Falls ein Defekt in einem Modul auftritt, kann das Element problemlos ausgetauscht werden. Die Verbauung von Sandwichelementen, aus einer Stahl- Hartschaum- Stahlschicht, bietet eine hohe Stabilität. Parallel dazu wirkt der Schichtenaufbau isolierend und dämpft den Geräuschpegel. Im Anhang C befindet sich das vollständige Datenblatt für das gewählte RLT- Gerät.

Der Luftvolumenstrom des RLT- Gerätes ist mit einer Gasmotorwärmepumpe zu beheizen und zu kühlen. Die Einbindung kann über ein Wassersystem oder einem Direkt Verdampfungssystem erfolgen.

5. Klimatisierung und Luftkonditionierung

Wärmerückgewinnung im RLT- Gerät

Im Gerät ist ein Wärmerückgewinnungssystem von Hoval installiert, welches zu den rekuperativen Verfahren gehört. Es werden Luftmassen von außen, über die aus dem Raum, getrennt durch sehr gut wärmeleitfähige Platten, aneinander vorbei geführt. Der abzuführenden Luft wird dabei Energie entzogen. Dies geschieht im Kreuzstromprinzip und ohne Vermischung der Luftmassen. Der Grad der Wärmerückgewinnung wird als Rückwärmzahl bezeichnet.[46]

Mit dem Programm Hoval Caps kann mit den bekannten Daten über Luftvolumenstrom, ABL- ZUL- Temperatur ein geeigneter Platten- Wärmeübertrager ermittelt werden. Somit wurde das PWT- Gerät SV-170/ L-60,0 ausgewählt. Es ist für den diagonalen Einbau konzipiert und zeichnet sich durch geringen Druckverlust aus. Die vom Hersteller ausgegebenen Rückwärmzahlen sind nach Sommer- und Winterkondition unterteilt und ergeben 69% für den Winterfall und sogar 76% für die Sommerfall. Die Rückwärmzahl wird mit Gl.14 berechnet. In Abb.15 sind den Luftarten im WRG- Prozess Zahlen nach VDI 2071 zugeordnet. Ab einer AUL- Temperatur von -11°C wird der seitliche Bypass im WRG- System geöffnet, da sonst eine übermäßige Vereisung nicht ausgeschlossen werden kann. Zusätzlich sollte eine Drosselung des ZUL- Volumenstromes erfolgen, um eine unnötige Auskühlung der Räume zu verhindern[47]

---

[46] Pech Anton, Jens Klaus: Baukonstruktion En, Lüftung- Sanitär, Band 16. S.86
[47] Hoval; Plattenwärmeaustauscher zur Wärmerückgewinnung in lüftungstechnischen Anlagen

5. Klimatisierung und Luftkonditionierung

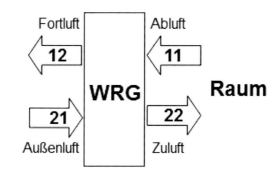

Abb.15: Schema WRG- Prozess nach VDI 2071[48]

$$\Phi = \frac{t_{22} - t_{21}}{t_{11} - t_{21}} \cdot 100 \qquad [\%] \qquad \text{Gl.14}$$

Da die Rückwärmzahl mit dem Programm ermittelt wurde, kann man die ZUL-Temperatur durch Umstellung der Gleichung berechnen. Die angesetzte Außentemperatur beträgt im Winter -13°C und die ZUL- Temperatur 20°C. Die Rückwärmzahl beträgt im Winterfall 76% und wurde dem Datenblatt entnommen.

$$t_{22,W} = \left(\frac{\Phi_{ZUL}\%}{100\%}\right) \cdot (t_{11} - t_{21}) + t_{21}$$

$$t_{22,W} = \left(\frac{76\%}{100\%}\right) \cdot (20K - (-13K)) + (-14K) = \underline{\underline{9,8°C}}$$

Somit ergibt sich nach Gl.14 eine ZUL- Temperatur von 9,8°C im Winter, die für die Auslegung eines Verflüssigers benötigt wird.

---

[48] Kolber Raymond: Energieeffiziente Gebäudeklimatisierung, Raumluft A++ Qualität. S.71-90, eigene Aufarbeitung

5. Klimatisierung und Luftkonditionierung

Für den Auslegungsfall im Sommer wird eine Außentemperatur von 35°C angenommen, die Raumlufttemperatur beträgt 20°C und die Φ wird mit 69% aus dem Programm, für den Sommerfall entnommen.

$$t_{22,S} = \left(\frac{69\%}{100\%}\right) \cdot (20K - 35K) + 35K = \underline{\underline{23,6°C}}$$

Die ZUL- Temperatur beträgt 23,6°C im Sommer.

Filter

Die Luft wird durch Filter frei von Schwebstoffen und Aerosolen gehalten.

Im RLT- Gerät kommen zwei grobe Partikelfilter zum Einsatz, ihre Position ist in der AUL und in der ABL und dient einzig dem Schutz des Gerätes. Die Filterklasse G4 sorgt für einen mittleren Abscheidegrad, bei dem Partikel >10 µm abgehalten werden. Zum Schutz vor kleineren Partikeln ist ein ZUL- Filter der Filterklasse F7 installiert. Mit dieser Klasse sind Partikel <10 µm abzuhalten, wie z.B. Pollen.

Der Wechsel der Filter erfolgt nach der VDI 6022, Hygiene- Anforderungen an Raumlufttechnische Geräte und Anlagen. Darin wird festgelegt, dass die erste Filterstufe nach sechs Monaten und die Folgenden in einem Intervall von max. 12 Monaten zu wechseln sind.

Brandschutzklappen

Der Einsatz von Brandschutzklappen soll ein Eindringen von Feuer und Qualm in andere Brandabschnitte verhindern. Eingesetzt wird die Brandschutzklappe in den Luftkanal, wo kein Feuerwiderstand wirksam ist. Sie funktioniert thermisch, elektrisch oder pneumatisch auslösend und muss gut zugänglich zum Prüfen angebracht sein.

Die Auswahl der Brandschutzklappe erfolgt nach Objektbegebenheiten. In der Verkaufsstätte kommen die Variante Wildeboer, Wartungsfreie Brandschutzklappen FR90 und Brandschutzventile BV90, zum Einsatz. Integriert werden die Brand-

5. Klimatisierung und Luftkonditionierung

schutzeinrichtungen in den ZUL- und ABL- Kanal. Die eingesetzten Modelle sind Standardausführungen, haben geringe Druckverluste und einen niedrigen Geräuschpegel.

Kulissendämpfer

Das Ziel eines Kulissendämpfers ist die Minderung vom Luftschall. Erzeugt durch Ventilatoren breitet sich der Schall in den Luftkanälen aus, eine Barriere bildet der Kulissendämpfer. Im Dämpfer befinden sich porös aufgebaute Absorptionswände, Druckunterschiede der Luft können darin aufgenommen werden.[49]

Die Auslegung erfolgte mit dem Programm LINDAB DIMsilencer 5.0. Aus den Herstellerunterlagen des gewählten RLT- Gerätes, ist der Schallleistungspegel L_W für den ZUL- und ABL- Bereich des Moduls angegeben. Im ZUL- Kanal ist ein Schallleistungspegel von 83dB angegeben, der nach Durchgang eines geeigneten Kulissendämpfers auf 49dB gesenkt wird. Bei dem ABL- Eingang kann ein Schallleistungspegel von 78dB auf 49dB gedämpft werden. Für beide Bereiche kommt der identische Schalldämpfer zur Anwendung. Der Typ SDO hat eine Länge von 1500mm und der Durchmesser beträgt 500mm. Auf die Installation im AUL- und FOL- Kanal kann verzichtet werden, da in dem Außenbereich keine Schalldruckbelästigung für Menschen besteht.

---

[49] Pech Anton, Jens Klaus: Baukonstruktion En, Lüftung- Sanitär, Band 16. S.49-51

5. Klimatisierung und Luftkonditionierung

Segeltuchstutzen

Ventilatoren erzeugen Schwingungen, Schall und können sich über den Luftkanal, in Form von Körperschall, ausbreiten. Um dem entgegen zu wirken, integriert man zur Körperschallentkopplung Segeltuchstutzen. Bestehend aus einen elastischen Material, mit dem Schwingungen aufgenommen und nicht weiter übertragen werden.

Die ausgewählten Segeltuchstutzen haben eine runde Bauform und sind Temperaturbeständig bis 600°C, somit entfällt ein nachträgliches ummanteln mit Stahlblech. Der gewählte Typ ist EV-BRK-DN...-L.

Volumenstromregler

Der Volumenstromregler sorgt für einen definierten ZUL- und ABL- Volumenstrom. Dieser wird manuell und konstant geregelt oder über einen Stellmotor angepasst.

Für die Verkaufsstätte wird die manuelle Variante eingesetzt, da der Frisch- Luftanteil konstant bleibt. Die gewählte Baureihe ist von LINDAB und befindet sich im Anschlusskasten. Durch Kombination von Anschlusskasten und Volumenstromregler wird der Luftwiderstand gesenkt. Der Kasten erleichtert eine eventuelle Umstellung des ZUL- und ABL- Volumenstromes.

Deckenauslässe

Die Deckenauslässe sollten mit ausreichend Abstand zwischen ZUL und ABL installiert werden, da sonst keine ordentliche Durchmischung der Raumluft entsteht. Im schlimmsten Fall bildet sich ein Bypass zwischen der ZUL und der ABL. Die ausreichende Versorgung von konditionierter ZUL und die Abfuhr von Lasten aus der ABL stehen im Vordergrund.

Gewählt wird für den Verkaufs- und Lagerraum die Variante Drallauslass mit horizontalem Anschlusskasten. Der Kasten ist mit einem konstanten Volumenstromregler ausgestattet. In Folge des Drallauslasses sollte die Durchmischung gewährleistet

5. Klimatisierung und Luftkonditionierung

sein. Für alle weiteren Räume werden Deckenanschlusskästen mit runden vertikal einsetzbaren Drallauslässen installiert.

5.5 Steuerung und Regelung

Ein Steuerungs- und Regelungssystem ist in einem vorgefertigten Schaltschrank untergebracht. Es besteht die Möglichkeit individuell im Schaltschrank Funktionen zu erweitern. Für dieses Klimatisierungssystem kommt ein RWC Temperaturregler zur Anwendung. Die Einstellungen werden am Regler, über Knöpfe und Drehschalter organisiert, die Werte werden am Display angezeigt. In der Regelung können zwei Kanaltemperaturfühler eingebunden werden. Des Weiteren ist ein Frostschutzwächter zur Sicherung des Systems vorhanden. Luftklappen am PWÜ sind durch einen Stellantrieb regelbar. Durch Anschluss an ein Modem ist die Anlage über ein kleines Unternehmensnetzwerk oder dem Internet steuerbar. Eine Visualisierung mit einem Programm ermöglicht eine zusätzliche Datenerfassung, die z. B. dem Zweck der Optimierung dient.[50]

---

[50] Wärmetechnik Quedlinburg: Produktkatalog, Seriengeräte. S.5

5. Klimatisierung und Luftkonditionierung

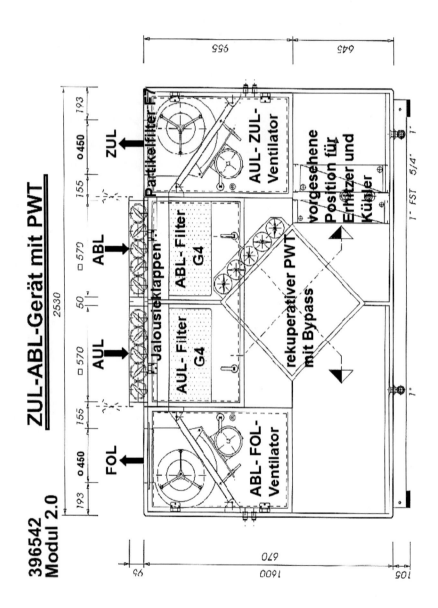

Abb.16: RLT- Gerät mit Bypass- PWT der Modulgröße 2.0

6. Installationsart Direkt Expansionssystem

Es gibt auf dem Markt unterschiedliche Direkt Expansions- Raumklimageräte. Eine erstellte Einteilung von Installationsarten ist dem Anhang B beigefügt. Wesentlich ist die Unterscheidung zwischen zentraler- und dezentraler Klimatisierung. Das System ermöglicht, unter zu Hilfename einer Kompressionskältemaschine, eine Beheizung, Kühlung und Entfeuchtung der Raumluft. Es ist möglich, mit diesem System und den zuvor genannten Funktionen, einzelne Räume bis hin zu vollständigen Gebäudekomplexen zu versorgen.[51]

6.1 Direkt Expansion

Bei der Direkt Expansion wird das Kältemittel in einem geschlossenen Kreis direkt und ohne zusätzlichen Wärmeübergang durch den Kreislauf, in einen anderen Wärmeübertrager transportiert. Dabei wird der Raumluft Wärmeenergie bei der Kühlung entzogen oder im Heizbetrieb zugeführt.

Wesentlicher Aufbau des Systems

Das Klimasystem besteht im Wesentlichen aus der Kältemaschine mit der Kompressionseinheit, dem Verdampfer, dem Verflüssiger, den Rohrleitungen, Rohrverbindungen, Innengeräten mit elektronischem Expansionsventil und dem Bedienungstableau. Als Antrieb dient ein Klimakompressor, welcher den benötigten Druck unter Energiezufuhr erzeugt. Der Kompressor wird mit elektrischer Energie oder von

---

[51] Dipl. -Ing. Claus Ihle: Klimatechnik mit Kältetechnik, Der Heizungsingenieur, 4.Auflage, Seite 452-453

6. Installationsart Direktes Expansionssystem

einem Verbrennungsmotor betrieben. Die Rohrleitungen und Verbindungen sind nach der DIN 8905, Kupfer- Kälterohr in Kühlschrankqualität, einzusetzen.

Technische Varianten[52]

1. Mobile Klimaanlagen

Diese Geräteart wird nicht am Standort befestigt, sondern kann im Aufstellungsraum verschoben werden. Zwei Varianten sind auf dem Markt verbreitet, ein Kompakt- und ein Splitsystem. Bei dem Kompaktgerät muss ein Abluftschlauch nach außen geführt werden. Häufig wird das an geklappte Fenster genutzt, wobei nachteiliger Weise ein direkter Lüftungsaustausch erfolgt. Die Effizienz ist demnach sehr gering. Es handelt sich hierbei um eine zentrale Klimatisierung. Bei dem Splitgerät ist ein Innen- und Außengerät mit einem flexiblen Rohr verbunden. Diese Split- Variante wird der dezentralen Klimatisierung zugeordnet und ist vor zuziehen, da eine Trennung von Innen- und Außenluft realisiert wird. Ein Nachteil ist die Geräuschbelästigung im unmittelbaren Aufenthaltsbereich.

2. Blockklimageräte

Die Bezeichnung verrät, dass die Bauform kompakt gehalten ist. Diese Geräte kommen nur noch selten im Wohnbereich zum Einsatz, da Sie eine direkte Verbindung zwischen dem Innen- und Außenbereich herstellen. Der im Fassadenbereich befindliche Teil wirkt zudem unansehnlich. Sie sind in den Bereich der zentralen Klimatisierung eingeteilt. Anwendung finden diese Kompaktgeräte in gewerblich genutzten Objekten, wie beispielsweise in Containern und Produktionsbetrieben.

---

[52] Climatec Klima+ Lüftungssysteme GmbH: Technikvarianten Klimatisierung. Unter: http://www.climatec-friedberg.de. [01.08.2011]

6. Installationsart Direktes Expansionssystem

Die Betriebsgeräusche werden als unangenehm laut empfunden. Das anfallende Kondensat wird mittels Schlauch abgeführt.

3. Mono- Splitklimaanlage

Diese Variante gehört zur dezentralen Klimatisierung. Sie besteht aus einem Außenteil, welches mit der Verdichtereinheit ausgerüstet ist und mit einem im Raum liegenden dezentralen Innenteil. Die Verbindung beider Geräte wird mittels Kupferrohr hergestellt. Dabei ist darauf zu achten, dass die max. zulässige Rohrlänge nicht überschritten wird. Bei den Inneneinheiten existieren unterschiedliche technische Variationen. Diese können an der Wand bzw. an der Decke hängend, als Lüftungskanalgeräte oder auf dem Boden stehend installiert werden. Luftführende Kanalgeräte sind zu isolieren, da es sonst zu einer Schwitzwasserbildung kommen kann. Kondensat wird mit einer Pumpe abtransportiert oder in einem Behälter gesammelt.

4. Multi- Splitklimaanlage

Bei dieser Bauart ist die Verdichtereinheit im außen liegenden Gerät. Im Inneren des Gebäudes können mit der Außeneinheit bis zu 8 dezentrale Innengeräte verbunden sein. Der Vorteil gegenüber der Mono- Splitklimaanlage ist die Platzeinsparung, aufgrund nur einer Außeneinheit.

Verbaut werden Verbindungsleitungen aus Kupfer nach DIN 8905, bei denen die max. Höhendifferenz und Länge der Leitung eingehalten werden muss. Die Bauformen der Innengeräte sind identisch wie bei der Mono- Splitklimaanlage. Diese Form kommt sehr häufig in Verkaufseinrichtungen, Wohnräumen und Büros zur Anwendung.

Eine spezielle Weiterentwicklung ist die VRF- Multi- Splitklimaanlage. Das System ist bestehend aus der Außeneinheit, welche mit bis zu max. 63 Inneneinheiten über spezielle Kältemittelverteiler verbunden sind. Das Kürzel VRF bedeutet, dass der Kältemittelmassenstrom variabel ist. Die Inneneinheiten werden als Decken-, Wand-, Truhen- und Kanalanschlussgeräte eingesetzt.

6. Installationsart Direktes Expansionssystem

6.2 Variante AISIN GMWP über ein Direkt-Expansionssystem

6.2.1 Prozessmedium Kältemittel

Begriff azeotrop

Ist ein flüssiges Stoffgemisch aus zwei oder mehreren Stoffen, welches durch Destillation nicht getrennt werden kann. Der Dampf ist wie die flüssige Phase ein zusammengesetztes Gemisch. Es zeichnet sich durch ein Temperaturgleit bei konstantem Druck aus.[53]

Kältemittel für die Direkt Expansion der GMWP

Bei Kaltdampf- Kompressionskälteanlagen kommen Kältemittel zum Einsatz, welche bei sehr niedrigen Temperaturen und hohen Drücken verdampfen. Das Betriebsmittel Wasser ist in der Kompressionskälteanlage nicht sehr geeignet, da die Temperaturen und dazugehörigen Drücke für die Aggregatzustandsänderung schlecht nutzbar sind.[54]

Speziell kommt bei der Anlagenvariante Direkt Expansionssystem, dass Kältemittel R 410A zum Einsatz. Die Zusammensetzung von R 410A besteht aus 50% R32 und zu 50% R125 und ist nahe- azeotrop. Bei dem Stoffgemisch handelt es sich um ein FKW/ HFKW Kältemittel. Vorteilhaft sind die gute Wärmeübertragungsleistung und nachteilig der hohe Betriebsdruck, da die Anforderung der Dichtheit steigt. Es ist

---

[53] Chemgapedia: Azetrop. Unter:
http://www.chemgapedia.de/vsengine/popup/vsc/de/glossar/a/az/azeotrop.glos.html.
[10.09.2011]
[54] Siemens Schweiz AG: Kältetechnik. Unter:
http://w1.siemens.ch/web/bt_ch/SiteCollectionDocuments/bt_internet_ch/support/Grundl_Ka
elte.pdf.S.15 [12.09.2011]

6. Installationsart Direktes Expansionssystem

nicht brennbar und ungiftig. Ein Ozonabbaupotential von R410A liegt nicht vor, im Gegensatz ist ein ODP bei dem Kältemittel R22 gegeben, was zum vollständigen Anwendungsverbot bis 2015 führt. Das Kältemittel R410A zeichnet sich durch hohe Umweltfreundlichkeit und eine hervorragende Energiewirksamkeit im kommerziellen Gebrauch aus.[55]

Der Prozess im log(p),h-Diagramm für den Heizbetrieb wurde im Punkt 5.3 und in der Abb. 11 und der für den Kühlbetrieb im Punkt 5.4 und der Abb. 13 erläutert.

6.2.2 Funktion einer Direkt Expansion GMWP- Anlage

Als Beispiel wird die Beheizung eines Raumes gewählt. Die Wärmeenergie der Außenluft bzw. des Motors wird über einen Wärmeübertrager (Verdampfer) aufgenommen und an das Kältemittel übertragen. Dieser Vorgang wurde unter dem Punkt 5.3 und in der Abb. 11 ausführlich beschrieben. Der folgende Abschnitt wird in Abb.11 ersichtlich. Das Kältemittel wird in der Gasmotorwärmepumpe, mit einem Verdichter komprimiert. Dazu wird der Verdichter mit einer durch Verbrennung erzeugten Antriebsenergie bewegt. Das Kältemittel erfährt in Folge dessen eine Druck- u. Temperaturerhöhung. Das Heißgas gelangt anschließend zum Klimagerät in den Raum. Die ungefähre Heißgas- Temperatur beträgt 70°C. Dort wird die Wärmeenergie des Kältemittelgases, über einen Wärmeübertrager (Kondensator), an den Raum abgegeben. Die Senkung der Kältemitteltemperatur führt zur Kondensation des Kältemittelgases. Eine Druckabsenkung wird mit einem thermischen Expansionsventil erreicht. Dabei kondensiert das Dampfgemisch vollständig. Die Kältemittelflüssigkeit, wie in Abb. 11 ersichtlich, gelangt erneut in den Kreislauf zur

---

[55] SUBAG TECH AG: R 410A. Unter: http://www.subag-tech.ch/special/servicenavigation/glossar/?tx_contagged[source]=default&tx_contagged[uid]=164&cHash=2b9ee12c3ca9388b91d1fdbf99be5eb1. [07.10.2011]

6. Installationsart Direktes Expansionssystem

Kältemaschine. Bei der Kühlung wird die Prozessrichtung, durch ein Vier- Wegeventil in der Außeneinheit geändert und die Energie der Raumluft entzogen.

Systemspezifizierung

Einzuordnen ist das System als VRF- Multi- Splitklimaanlage und gehört zur Gruppe der Teilklimaanlagen. Es ist ein dezentrales, modular aufgebautes Luft- Luft- Klimasystem, welches die Funktionen Kühlen/ Entfeuchten und Heizen beherrscht. Eine Leistungsbereitstellung erfolgt sofort und ohne Trägheit. Frostschutzmaßnahmen sind bei diesem System nicht notwendig. Das System ist sehr energieeffizient, da keine zusätzlichen Übertragungsverluste entstehen. Die Steuerung erfolgt Einzel-, Zentralgesteuert oder über das Internet, durch Fernüberwachung.[56]

Die Bezeichnung Variable- Refrigant- Flow bedeutet, dass ein variabler Kältemittelmassenstrom den Systemkreislauf durchströmt und somit die Leistung bedarfsgerecht für die Innengeräte anpasst. Das System ist in Form eines 2- Leiter- Rohrsystems installierbar und ermöglicht geringe Rohrleitungsquerschnitte.[57] Die Anlage ist bestehend aus der Außeneinheit, welche mit bis zu max. 63 Inneneinheiten verbunden werden kann. Die Inneneinheiten werden als Decken-, Wand-, Truhen- und Kanalanschlussgeräte eingesetzt. Es besteht zusätzlich die Möglichkeit weitere Außeneinheiten in Kaskade zu verbinden. Somit sind GMWP- Stationen in einem Objekt realisierbar, welche einen Bedarf von 25kW bis 250kW an Heiz- und Kühllast decken. Falls höhere Energiemengen benötigt werden, sind Spitzenlasterzeuger in das System integrierbar.[58]

---

[56] Kaut: Die Kältetechnik für die Klimatechnik?. Unter: http://www.kaut.de/pdf/presse/Expertenumfrage.pdf. [02.08.2011]
[57] Kaut: VRF-System. Unter: http://www.kaut.de/GHP/direktverdampfung.htm. [02.08.2011]
[58] Wärmetechnik Quedlinburg GmbH: Wärmepumpen- Stationen zur Beheizung und Kühlung von Gebäuden. Unter: http://www.waermetechnik.com/aisin-gebietsvertretung/gaswaermepumpe/. [30.09.2011]

6. Installationsart Direktes Expansionssystem

Schematischer Aufbau

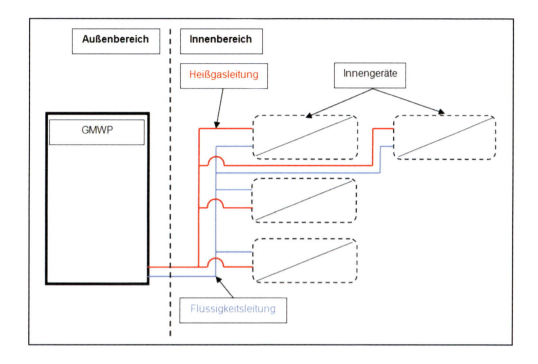

Abb.17: Schematischer Aufbau Direktverdampfungsanlage

6.3 Auslegung und Bestimmung der Komponenten

Auswahl einer geeigneten Gasmotorwärmepumpe

In diesem System wird die Deckung der Heiz- und Kühllast monovalent, mit der GMWP erzeugt.

Die GMWP wird nach der ermittelten Kühlleistung ausgewählt. Aus dem Kapitel 4.2 ersichtlich, wurde für die Verkaufsstätte ein gesamt Kühlbedarf von 63,8kW bestimmt. Ein Erdgasanschluss ist auf dem Gelände vorhanden. Die Brenngasversorgung ist dadurch gewährleistet. Nach dem Kühlbedarf ist das Modell AISIN Gaswärmepumpe, Modell AXGP560D1N (20 HP) auszuwählen. Im Anhang C sind die spezifischen Gerätedaten aufgeführt. Das genannte Modell hat eine Nennkühlleis-

6. Installationsart Direktes Expansionssystem

tung von 56kW, liegt somit unter dem Kühlbedarf der Verkaufsstätte. Nach den Herstellerangaben von AISIN erbringt die GMWP 130% der Nennleistung und deckt damit einen Kühlbedarf von bis zu max. 72,8kW ab. Nach der darunter befindlichen Abb.18, ist die ausgewählte Außeneinheit mit max. 33 dezentralen Inneneinheiten kombinierbar.[59]

Außeneinheit		Anzahl anschließbarer Innengeräte	Maximale Leistung der zu installierenden Innengeräte (kW)
Aufschlüsselung der Bauarten	P450	1 – 26 (40)	22,4 – 58,5 (90,0)
	P560	1 – 33 (50)	28,0 – 72,8 (112,0)
	P710	1 – 41 (63)	35,5 – 92,3 (142,0)

Abb.18: Kombination von Innen- u. Außeneinheit[60]

Auslegung der Inneneinheiten und des WÜ

Raum-Nr./ Bezeichnung	Anzahl der Inneneinheite Stück	Bezeichnung der Typ
1.Verkaufsraum	4	AXFP140M
2.Lagerraum Pfand	1	AXAP28M
3.Hauptlagerraum	2	AXFP71M
4.WC-Herren	-	-
5.WC-Damen	-	-
6.Aufenthaltsraum- Mitarbeite	1	AXAP28M
7.Technikraum	-	-
8.Büroraum	1	AXAP28M
9.Flur	-	-

Abb.19: Zusammenstellung der Inneneinheiten je Raum

---

[59] AISIN, Broschüre: Heizen-Kühlen-Klimatisieren mit Gas. S.2-7
[60] AISIN: Herstellerunterlagen, Technisches Handbuch. S.6

6. **Installationsart Direktes Expansionssystem**

Die Aufteilung der Heiz- und Kühlleistungen, der jeweiligen Inneneinheit, sind der Excel- Arbeitsmappe Zusammenstellung der Inneneinheiten nach Heiz- und Kühllasten je Raum.xls zu entnehmen.

Aus der Wahl der Innengeräte ergibt sich ein Luft- Luftsystem, da keine Kanalgeräte zum Einsatz kommen und keine Frischluft durch die Geräte gefördert wird.

Kondensatausfall im Kühlbetrieb

Im Kühlbetrieb kann es zur Kondensatausscheidung kommen. Deshalb ist in jeder Inneneinheit eine serienmäßig verbaute Kondensatpumpe. In der Planungsunterlage ist aufgeführt, dass die max. Förderhöhe zwischen 500mm und 675mm liegen muss. Die tatsächliche Förderhöhe liegt im System bei ca. 200mm, somit wird das Abpumpen reibungslos gewährleistet. Das Kondensat wird zuvor in einem Becken im Innengerät aufgefangen, bis es über einen ½" Schlauch abgepumpt wird. Sicherzustellen ist ein Gefälle der drucklosen Kondensatleitung.[61]

<u>Dimensionierung eines WÜ für ein RLT- Gerät</u>

Das gewählte Raumlufttechnische Gerät beinhaltet einen Leerraum, der für die Einbringung eines Heiz- und Kühlregister vorgesehen ist. Der im RLT- Gerät befindliche WÜ wird an das Kältemittelleitungssystem, mit einem dafür vorgesehenen Expansionsventil- Kit, angeschlossen. Das Expansionsventil- Kit organisiert den Ablauf von dem RLT- Register und ist somit in der Lage die AUL zu beheizen oder zu kühlen. Der Vorteil des Systems liegt in der Frostunempfindlichkeit der außenliegenden Teile, wodurch keine weiteren Maßnahmen erforderlich sind.

---

[61] AISIN EnerSys: Technisches Handbuch der D-Serie u. VRF Innengeräte. S.199

6. Installationsart Direktes Expansionssystem

Die Auslegung erfolgte durch das Unternehmen Hombach Wärmetechnik GmbH. Es wurde ein Verflüssiger und ein Verdampfer für einen Luftvolumenstrom von 4054m³/h, für das Kältemittel R410A ermittelt. Dabei wurde die zuvor berechnete ZUL- Temperatur, nach dem Platten- Wärmeübertrager einbezogen. Somit wird eine Überdimensionierung des RLT- WÜ verhindert. Durch einen Vergleich der Daten zwischen Verdampfer und dem Verflüssiger, ist der WÜ mit der höheren Leistung einzusetzen. Demnach wird ein Verflüssiger mit einer Leistung von 13,7kW gewählt. Die Beheizung und Kühlung von 4054,6m³/h ist somit gewährleistet. Im Kühlbetrieb kann Kondensat ausgeschieden werden, dass in einer Tropfenwasserwanne unter dem WÜ aufgefangen und anschließend neutralisiert wird. Das Datenblatt des Verflüssigers ist dem Anhang C beigefügt.

RLT- Wärmeübertrager bei Kühlung

Für die Kühlung ist zu überprüfen, ob eine Wasserausscheidung zustande kommt. Dazu ist zunächst ein Vergleich wie folgt anzustellen, bei einer Kühlflächentemperatur $\vartheta_{KÜ}$ > Taupunkttemperatur ϑ_{Tp} kommt keine Kondensation zustande, ist $\vartheta_{KÜ}$ < ϑ_{Tp} wird Kondensat ausgeschieden. Die Taupunkttemperatur ϑ_{TAU} wird nach der Formeln, Gl.14 und Gl.16, von Magnus berechnet und ist für den Temperaturbereich von $\vartheta \geq 0°C$ gültig.[62]

$$p_s = 0{,}006107 \cdot \frac{7{,}5 \cdot \vartheta}{\vartheta + 273} \quad [bar] \qquad Gl.14$$

---

[62] Siemens: Das h,x-Diagramm, Aufbau und Anwendung. S.19-24

6. Installationsart Direktes Expansionssystem

Dafür wird zunächst nach Magnus der Dampfdruck p_D berechnet. Die Normaußentemperatur beträgt 32°C, durch den Ventilator erhöht sich die ZUL- Temperatur um 1K auf 33°C. Die Taupunkttemperatur des Dampfdruckes p_D bei einer ZUL-Temperatur von 33°C, entspricht der Taupunkttemperatur des Sättigungsdampfdruckes p_s. Der Dampfdruck p_D, für die Außentemperatur von 33°C und einer relativen Luftfeuchte von 40%r.F., ist nach der Gl.15 von Magnus zu berechnen.[63]

Gegeben: $p_{s,33} = 0,0503\,\text{bar}$ (bei 100%r.F. aus Tab. 1.3.4.-1[64])

$$p_D = p_s(\vartheta_{TAU})$$

$$p_{D,33} = \frac{\Phi}{100\%} \cdot p_{s,33} \qquad [\text{bar}] \qquad \text{Gl.15}$$

$$p_{D,33} = \frac{40\%}{100\%} \cdot 0,0503\,\text{bar} = \underline{\underline{0,0327\,\text{bar}}} = \underline{\underline{0,02012\,\text{bar}}}$$

Der Sättigungsdampfdruck bei 40% r.F. beträgt 0,0212bar.

In dem $p_{D,33}$ in die Umkehrfunktion nach Magnus Gl.16 eingesetzt wird, errechnet sich der Taupunkt bei 33°C.

$$\vartheta_{TAU} = \frac{237 \cdot \log\left(\frac{p_s}{0,006107}\right)}{7,5 - \log\left(\frac{p_s}{0,006107}\right)} \qquad [°C] \qquad \text{Gl.16}$$

---

[63] Hochschule für Technik Rapperswil: Taupunkt II. S.1
[64] Recknagel, Sprenger, Schramek: Taschenbuch für Heizung +Klima Technik 09/10, 64.Auflage. S.153

6. Installationsart Direktes Expansionssystem

$$\vartheta_{TAU,33} = \frac{237 \cdot \log\left(\frac{p_{s,33}}{0,006107}\right)}{7,5 - \log\left(\frac{p_{s,33}}{0,006107}\right)} = \frac{237 \cdot \log\left(\frac{0,02012}{0,006107}\right)}{7,5 - \log\left(\frac{0,02012}{0,006107}\right)} = 17,56°C$$

Die Taupunkttemperatur von 33°C und 40%r.L. liegt bei 17,56°C.

Die mittlere Kühlflächentemperatur $\vartheta_{KÜ}$ ist abhängig von der Bauart des Kühlers, der dazugehörigen Vor- und Rücklauftemperatur und wird wie folgt nach Gl.17 berechnet. Eine Beaufschlagung $\Delta\vartheta_Z$ auf den gebildeten Mittelwert zwischen 1-2K ist von der Bauart des Kühlers abhängig.[65]

Gegeben: $\vartheta_{VL} = 7°C$ $\qquad \vartheta_{RL} = 12°C$

$\Delta\vartheta_Z = 1,5K$

$$\vartheta_{KÜ} = \frac{\vartheta_{VL} + \vartheta_{RL}}{2} + 1,5K \qquad [°C] \qquad\qquad Gl.17$$

$$\vartheta_{KÜ} = \frac{7K + 12K}{2} + 1,5K = 11°C$$

---

[65] Siemens: Das h,x-Diagramm, Aufbau und Anwendung. S.19-24

6. Installationsart Direktes Expansionssystem

Fazit:

Die Kühlflächentemperatur $\vartheta_{KÜ}$ beträgt 11°C und ist tiefer als die Kondensattemperatur $\vartheta_{KÜ}$, folglich wird Kondensat ausgeschieden.

Die Ausfällung von Kondensat findet schon im WRG- System statt, da die ZUL im PWÜ eine Kühlung bis auf 23,6°C erfährt. Die ZUL wird dann auf 20°C herab gekühlt, wodurch erneut Kondensat ausgeschieden wird.

Kalkulation der Kondensatmenge

Um die ausgeschiedene Menge an Kondensat zu berechnen wird der Massenstrom $\dot{m}_{fL,20}$ und die Dichte ρ_{20} benötigt, der Volumenstrom $\dot{V}_{ZUL}$ ist gegeben.

Gegeben:

$T = 293,15 K$
$p = 970 hPa$
$p_{D,20} = 15,19 hPa$
$\phi_{20} = 65\% r.F.$

$\dot{V}_{ZUL} = 4054,6 \dfrac{m^3}{h}$

$\Delta x_{23,20} = 1,4 \dfrac{g_W}{kg_{t.L.}}$

$r_{20} = 2454,3 \dfrac{kJ}{kg}$

Die Gl.18 zur Berechnung der Dichte ist nach $\dot{m}$ umzustellen.

$$\rho = \dfrac{\dot{m}}{\dot{V}} \xrightarrow{umgestellt} \dot{m} = \rho \cdot \dot{V} \qquad \left[\dfrac{m^3}{h}\right] \qquad \text{Gl.18}$$

Die Gemischmasse bezogen auf das Volumen ergibt die Dichte bei einem feuchten Luftgemisch und wird nach Gl.19 berechnet.

$$\rho = 0,348 \dfrac{p}{T} - 0,132 \dfrac{p_D}{T} \qquad \left[\dfrac{kg_{Gemisch}}{m^3}\right] \qquad \text{Gl.19}$$

6. Installationsart Direktes Expansionssystem

Durch einsetzten der Gl.19 in die Gl.18 erhält man den Massenstrom $\dot{m}_{fL,20}$

$$\dot{m}_{fL,20} = \left(0,348 \frac{970 hPa}{293,15 K} - 0,132 \frac{p}{T}\right) \cdot \dot{V}_{ZUL} \qquad \left[\frac{kg_{Gemisch}}{h}\right] \qquad Gl.20$$

$$\dot{m}_{fL,20} = \left(0,348 \frac{970 hPa}{293,15 K} - 0,132 \frac{15,19 hPa}{293,15 K}\right) \frac{kg_{Gemisch}}{m^3} \cdot 4054,63 \frac{m^3}{h} = 4650,63 \frac{kg_{Ge}}{h}$$

Der ausgeschiedene Wasserstrom $\dot{m}_W$ wird berechnet durch Multiplikation des $\dot{m}_{fL,20}$ mit der ausgefällten Wassermenge $\Delta x_{23,20}$, in Gl.21.

$$\dot{m}_W = \dot{m}_{fL,20} \cdot \Delta x_{23,20} \qquad \left[\frac{kg}{h}\right] \qquad Gl.21$$

$$\dot{m}_W = 4784,43 \frac{kg_{fL}}{h} \cdot 0,0014 \frac{kg}{kg} = 6,511 \frac{kg}{h} \quad 6,511 \frac{l}{h}$$

Die am WÜ ausgeschiedene Kondensatmenge beträgt ca. 6,5l. Die zusätzliche Kühlleistung $\Delta \dot{Q}_{KÜ}$ ist mit der Gl.22 zu berechnen.

$$\Delta \dot{Q}_{KÜ} = r_{20} \cdot \Delta x_{23,20} \qquad \left[\frac{kJ}{kg}\right] \qquad Gl.22$$

6. Installationsart Direktes Expansionssystem

$$= 2454{,}3 \frac{kJ}{kg} \cdot 0{,}0014 \frac{kg_W}{kg_{t.L.}} = \underline{\underline{3{,}44 \frac{kJ}{kg}}}$$

In Folge der Kondensation entsteht eine zusätzliche Kühlleistung $\Delta \dot{Q}_{KÜ}$, da die entzogene Verdampfungswärme des Wassers abgeführt werden muss.

In dem PWT der WRG wird durch Kondensation an der Übertragungsfläche, eine Menge von 8,13l Wassers ausscheiden, die Berechnung erfolgte nach Gl.21.[66]

Ermittlung der Enthalpie

Die Enthalpie der Luft kann mit der Gl.23 ermittelt werden.

$$h = \underbrace{c_L \cdot \vartheta}_{\text{sensibler..Anteil}}^{\text{trockener..Anteil}} + (c_D \cdot x \cdot \vartheta) + \overbrace{r \cdot x}^{\text{latenter..Anteil}} \quad \left[\frac{kJ}{kg_{t.L.}}\right] \qquad Gl.23$$

Gegeben:

$p_{D,33} = 20{,}12 hPa; \quad p_{D,23} = 17{,}4 hPa; \quad p_{D,20} = 15{,}19 hPa$

$x_{33} = 0{,}013 \frac{kg_W}{kg_{t.L.}}; \quad x_{23} = 0{,}0113 \frac{kg_W}{kg_{t.L.}}; \quad x_{20} = 0{,}0099 \frac{kg_W}{kg_{t.L.}}$

$c_L = 1{,}005 \frac{kJ}{kgK}; \quad c_D = 1{,}86 \frac{kJ}{kgK}$

$r_{33} = 2421{,}2 \frac{kJ}{kg}; \quad r_{23} = 2446 \frac{kJ}{kg}; \quad r_{20} = 2454{,}3 \frac{kJ}{kg}$

---

[66] Recknagel, Sprenger, Schramek, Taschenbuch für...Technik: Feuchte Luft S.143-163

6. Installationsart Direktes Expansionssystem

Berechnungsbeispiel:

$$h_{33} = c_{L,33} \cdot \vartheta_{33} + (c_{D,33} \cdot x \cdot \vartheta) + r_{33} \cdot x$$

$$h_{33} = 1{,}005 \frac{kJ}{kgK} \cdot 33K + \left(1{,}86 \frac{kJ}{kgK} \cdot 0{,}013 \frac{kg}{kg_{t.L.}} \cdot 33K\right) + 2421{,}2 \frac{kJ}{kg} \cdot 0{,}013 \frac{kg}{kg_{t.L.}}$$

$$\underline{\underline{h_{33} = 65{,}44 \frac{kJ}{kg_{t.L.}}}}$$

Der Energiegehalt des Luft- Wassergemisches bei 33°C beträgt 65,44kJ/kg$_{t.L.}$. Durch einsetzen der gegebenen temperaturabhängigen Werte ergibt sich eine Enthalpie h_{23} von $51{,}85 \frac{kJ}{kg_{t.L.}}$ und eine Enthalpie h_{20} von $42{,}56 \frac{kJ}{kg_{t.L.}}$.

Die Enthalpiedifferenz kann unter Zuhilfenahme der Gl.24 ermittelt werden.

$$\Delta h = h_2 - h_1 \qquad \left[\frac{kJ}{kg_{t.L.}}\right] \qquad \text{Gl.24}$$

$$\underline{\underline{\Delta h_{33,23} = h_{33} - h_{23} = 13{,}59 \frac{kJ}{kg_{t.L.}}}}$$

6. Installationsart Direktes Expansionssystem

Für den Abschnitt WRG, wurde eine $\Delta h_{33,23}$ von $13,59 kJ/kg_{t.L.}$ und für die tat. gekühlte Luft von $\Delta h_{23,20}$ $9,29 kJ/kg_{t.L.}$ berechnet. Des Weiteren ergab die Berechnung eine Δh_{Ges}, die an die ZUL übertragen wurde, von $22,88 kJ/kg_{t.L.}$.[67]

Graphische Ermittlung der Zustandsgrößen im h,x- Diagramm

Im Anhang B sind für den Zustandsänderung heizen und kühlen die h,x- Diagramme mit den darauf ermittelten Werten hinterlegt.

Regelung von dem Expansionsventil- Kit im RLT- Gerät

Das Expansions- Kit ist über eine Regeleinheit mit dem Expansionsventil und der GMWP verbunden. Durch Kommunikation der Fühler im RLT- Kanal/ Raum, in der Einspritzleitung, am Wärmeübertrager (kühlste Position) und an der Sauggasleitung kann die benötigte Menge an Energie, mit dem Kältemittel R410A, im WÜ zur Verfügung gestellt werden. Mit einer Zentralfernbedienung wird die gewünschte Raumtemperatur bequem eingestellt.[68]

6.3.1 Verteilungssystem über Kältemittelverteiler

Beschreibung:

Bei diesem System wird das Kältemittel durch Kupferleitungen (gefertigt nach DIN 12375 Teil I) durch die GMWP zu einem Kältemittelverteiler gedrückt. Von diesem Verteiler werden die einzelnen Innengeräte gespeist. Nach Austritt des Fluid, durch-

---

[67] Siemens: Das h,x-Diagramm, Aufbau und Anwendung. S.19-24
[68] STULZ GmbH A/C and Humidification Systems: Technisches Handbuch, Expansionsventil- Kit, R410A. S.1-22

6. Installationsart Direktes Expansionssystem

strömt es die Flüssigkeitsleitung des Kältemittelverteilers und trifft erneut in der GMWP ein.

Vorbetrachtung:

Die Prüfung der max. Rohrleitungslänge ergab eine Überschreitung, zwischen dem Kältemittelverteiler und den einzelnen Verbrauchern. Eine Gesamtrohrlänge von 520m darf nicht überschritten werden, jedoch ist die Summe l_{ges} 618m und somit nicht realisierbar. Eine genaue Übersicht der Berechnung befindet sich in der Excel-Arbeitsmappe Rohrnetzauslegung-Heizung u. Kühlung_Systemvergleich.xls.

6.3.2 Rohrsystem über Y-Verteiler

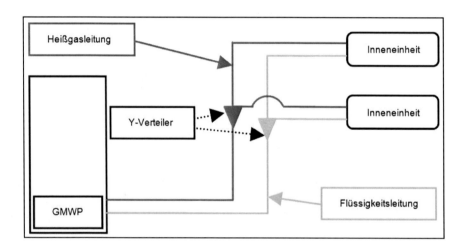

Abb.20: Kältemittelverteilung über Y- Verteiler

Bei diesem System beginnt die Hauptleitung an der GMWP und trennt sich zu den einzelnen Verbrauchern über vorgefertigte Kältemittel Y-Verteiler auf. Dabei sind Vorgaben vom Hersteller AISIN einzuhalten.

6. Installationsart Direktes Expansionssystem

Projektierung der Rohrstrecken

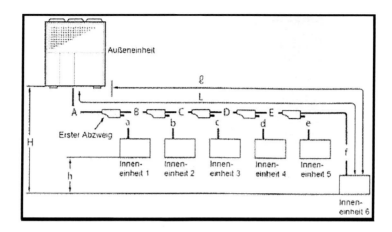

Abb.21: Verteilungsleitungen und annehmbare Leitungslänge

Vorbetrachtung:

In der Planungsunterlage des Herstellers AISIN ist aufgeführt, wie in Abb. 14 abgebildet ist, welche max. Leitungslängen und max. Höhendifferenzen einzuhalten sind.

Die zulässige Leitungslänge L muss <190m sein, tat. ist die Länge L = 64,5m. Die max. Leitungslänge l soll <40m sein, ist tat. 15m. Eine zulässige Höhendifferenz H von <40m, ergibt tat. 2,5m. Die Höhendifferenz h muss <15m sein, der tat. erreichte Wert liegt bei 0,5m. Die Übersicht der erstellten Teilstrecken im Grundriss, befindet sich in der Excel- Arbeitsmappe Rohrnetzauslegung-Heizung u. Kühlung_Systemvergleich.xls.

Die Vorbetrachtung im System Kältemittelverteilung über Y- Verteiler ergibt, dass die Vorgaben des Herstellers eingehalten werden und somit das System konzipiert werden kann.

6. Installationsart Direktes Expansionssystem

Auswahl der Y-Verteiler

Der Leitungsverteiler wird nach der sich dahinter befindlichen Leistung der Innengeräte ausgewählt. Eine Übersicht der gewählten Y-Verteiler, ist in der Tab.10. Die Bezeichnung Kit bezieht sich auf 2 Verteiler, jeweils für die Gas- und Flüssigkeitsleitung.

Teilstrecke	Kühlleistung Innengeräte	Auswahl Verteilerkit
TS	Q	Bezeichnung
	[kW]	
TS2	28	KMVSET 2233
TS3	78,6	KMVSET 3347
TS5	64,6	KMVSET 3347
TS7	50,6	KMVSET 2233
TS9	43,5	KMVSET 2233
TS11	36,4	KMVSET 022
TS13	22,4	KMVSET 022
TS15	8,4	KMVSET 022
TS17	5,6	KMVSET 022
TS19	2,8	KMVSET 022

Tab.10: Ausgewählte Y-Verteiler

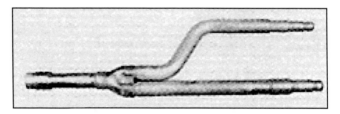

Abb.22: Y-Kältemittelverteiler[69]

---

[69] AISIN: Broschüre, Heizen-Kühlen-Klimatisieren mit Gas. S.12

6. Installationsart Direktes Expansionssystem

Auswahl der Kältemittelleitungen

Die Rohrdurchmesser werden mit der Planungshilfe des Herstellers ermittelt. Eine Übersicht der zu wählenden Dimension ist in dem Anhang B hinterlegt. Die Rohre sind aus Kupfer gemäß DIN 12735 Teil1 zu verwenden. Das Rohrsystem ist zu isolieren, da es sonst zur Schwitzwasserbildung kommt und keine unnötigen Energieverluste, sowie Korrosionsschäden zustande kommen.

In der Rohrnetzauslegung ist in der Excel- Arbeitsmappe Rohrnetzauslegung-Heizung u. Kühlung_Systemvergleich.xls, der jeweiligen Teilstrecke ein Rohrdurchmesser zugeordnet. Die Ermittlung wurde über die Kühlleistung des dazugehörigen Teilstücks vorgenommen. Mit der Leistung in der TS auftretend, konnte der Rohrdurchmesser der Planungsunterlage entnommen werden, im Anhang C hinterlegt. Die Dimension und die Gesamtläge der im System verwendeten Cu- Rohre, sind in der Tab.11 erfasst.

Rohrdimension und Σ Rohrlängen						
Dimension	28 x 1,5	22 x 1,0	16 x 1,0	12 x 1,0	10 x 1,0	6 x 1,0
Länge [m]	11	5	77,5	31	89	25

Tab.11: Dimension und Gesamtlänge der Kupferrohre im System

Berechnung der Kältemittelmenge

Bei der Berechnung der Kältemittelmange darf nur die Flüssigkeitsleitung betrachtet werden. Das Außengerät und die Innengeräte sind mit Kältemittel vorgefüllt und werden bei der Füllmengenberechnung nicht mit einbezogen. Das einzufüllende Kältemittel ist abzuwiegen und ist ausschließlich in flüssiger Form zu verfüllen, da es sonst zu einer Funktionsstörung führen könnte.

Im Anhang C sind die Faktoren für die jeweilige Rohrdimension vorgegeben. Die Berechnung erfolgt mit der Gesamtrohrlänge der einzelnen Dimension in m. Die genaue Vorgehensweise ist dem Anhang C angehängt.

6. Installationsart Direktes Expansionssystem

Für die Berechnung der Kältemittelmenge gibt AISIN die folgende Gl.25 vor.

$$= (\gamma_1 * 0,39) + (\gamma_2 * 0,20) + (\gamma_3 * 0,13) + (\gamma_4 * 0,06) + (\gamma_5 * 0,028) + 1,0 \qquad \text{Gl.25}$$

$$= (5 * 0,39) + (5 * 0,20) + (6 * 0,13) + (89 * 0,06) + (25 * 0,028) + 1,0$$

$$= \underline{\underline{9,77 \text{kg}}}$$

Die Anlage ist mit 9,77kg Kältemittel des Typs R 410A zu füllen.

6.3.3 Konzeption des Regelsystems

AISIN ermöglicht bei der VRF- Anlage, eine Kommunikation zwischen Außeneinheit und Inneneinheit über eine Datenverbindung, dadurch entfällt eine externe Steuerung. Im Sortiment sind Zentral- Fernbedienung, Infrarot- Fernbedienung und Kabel- Fernbedienung. Bei Bedarf besteht die Möglichkeit einer Anbindung an die Regelung, durch das die komplette Anlage über den PC fernüberwacht werden kann. Die Besonderheit liegt in der Verknüpfung mit bestehender Gebäudeleittechnik und Heizungssteuerungen.[70]

---

[70] Wolfgang Grabener GmbH: Gaswärmepumpe. Unter: http://www.gaswärmepumpe.at/PF0-GWP00-AISIN-110801-V01.5.pdf. S.4 [04.09.2011]

6. Installationsart Direktes Expansionssystem

Es ist wichtig die längste Bus- Kabelbelverbindung zwischen Außeneinheit und Inneneinheit, sowie zwischen Außen- und Außeneinheit unter 1000m zu verlegen, um die Funktion der Zentralfernbedienung nicht zu beeinflussen.[71]

Auswahl der Steuerung

Die Steuerung der Anlage muss über eine zentrale Steuereinheit verfügen, um auf veränderte Zustände schnell reagieren zu können. Diese ist für eine bessere Erreichbarkeit zentral anzubringen. Sie soll nach Möglichkeit alle vorhandenen Innengeräte Steuern und über eine Temperatureinstellung verfügen.

Im Sortiment des Unternehmens AISIN EnerSys ist die Zentralfernbedienung, des Typs ADCS302B51, mit der die zuvor genannten Funktionen auszuwählen sind. Das ausgewählte Modell ist im Anhang C hinterlegt.

Die Zentralfernbedienung ermöglicht folgende Funktionen:

→bis zu 128 Inneneinheiten können gesteuert werden

→Ein/ Aus Schaltung

→Wahl der Betriebsart

→Einstellung der Ventilatordrehzahl

→Temperatureinstellung der einzelnen Räume

→Luftstromrichtung aus der Inneneinheit

---

[71] AISIN EnerSys: Technisches Handbuch der D-Serie u. VRF Innengeräte. S.62-63

6. Installationsart Direktes Expansionssystem

6.4 Vor- und Nachteile des Direktexpansionssystems

Wesentliche Vorteile des Systems sind keine zusätzlichen Bauteile wie Pumpen, Ventile, Regel- und Sicherheitseinrichtungen, diese befinden sich in den Außen- und Innengeräten. Das System kann die Verkaufsstätte beheizen, kühlen und entfeuchten. Die Anlage ermöglicht eine sofortige Bereitstellung der Leistung. Aufgrund der kleinen Rohrquerschnitte, ist es nachträglich im System integrierbar. Sehr einfache Bedienung der Regelung, mittels variabel einsetzbarer Fernbedienungen. Eine optimale Leistungsanpassung durch modulierende Verdichter. Die Anlage benötigt keinen Frostschutz, da kein frostempfindliches Medium zirkuliert. Geräusche des Erzeugers sind in einem Objekt nicht störend.[72]

Nachteilig ist eine spätere Erweiterung des Systems, da Rohr und Verteiler Dimensionen nach der Leistung ermittelt wurden. Undichtheiten im System können Kältemittel freisetzen. Etagen und Bögen können Ölrückführungsprobleme erzeugen.[73]

---

[72] AISIN, Berndt EnerSys: Heizen- u. Kühlen mit der GMWP. S.14
[73] Siemens: Kältetechnik, Indirekte Verdampfung. S.44

6. Installationsart Direktes Expansionssystem

6.5 Blockschaltbild Gasmotorwärmepumpe als Direkt Expansionssystem über Y-Verteiler

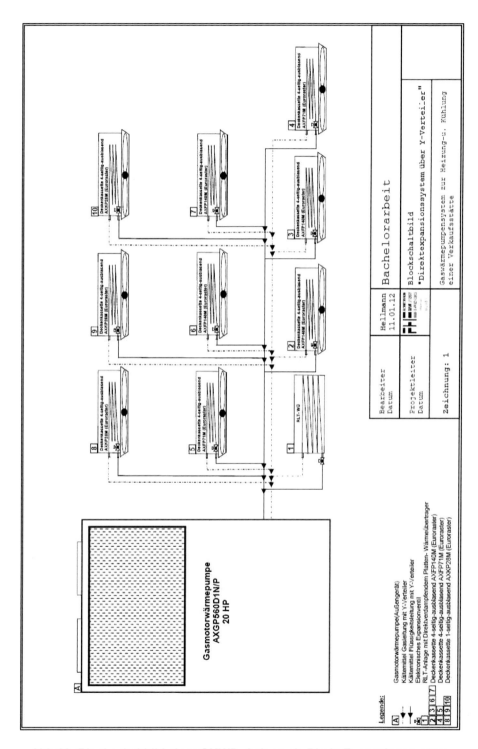

Abb.23: Blockschaltbild einer GMWP- Anlage als Direkt Expansionssystem

7. Installationsart Indirektes Expansionssystem

Indirekte Expansion

Bei der indirekten Übertragung wird die Energie über zwei unterschiedliche Systeme transportiert. Dabei findet kein direkter Stoffaustausch statt, da eine räumliche Trennung besteht. Getrennt werden die Systeme durch einen Wärmeübertrager, durch den die Energie in das nächste System über geht.

7.1 Grundsätzliche Bestandteile des Systems

Im System enthalten ist die GMWP in der ein Gasmotorischen- Verbrennungsmotor mit zugehöriger Verdichtereinheit, einem Kältemittelkreis mit Verdampfer bzw. Verflüssiger und Expansionsventil. Im Gebäude befindet sich die Übertragungsstation (Hydraulikmodul), der Speicher, die Pumpe, das Ausdehnungsgefäß und Sicherheitsventil, dem Hydro- Rohrnetz und Verteiler, den Konvektoren und der Steuerungstechnik.

7.2 Einsetzbare Übertragungsmedien

Kältemittel

Die Thematik ist ausführlich im Kapitel 5.1 beschrieben.

Wasser als Wärme- und Kühlträgermedium

Im indirekten Verdampfungssystem wird Wasser im flüssigen Aggregatzustand verwendet. Das Trägermedium Wasser wird ausschließlich bei Temperaturen über +5°C verwendet. Unterhalb der zuvor angegebenen Temperaturgrenze, beginnt Wasser seine Eigenschaften zu verändern. Keine reine Verwendung findet Wasser in Anlagen, welche Kontakt zur Außenluft haben, da die Gefahr einer Vereisung besteht. Wasser hat den Vorteil als Trägermedium in Anlagen, wegen der guten Verfügbarkeit, dem geringen Preis und da es ungiftig ist. Falls das Wasser in Kon-

7. Installationsart Indirektes Expansionssystem

takt mit der Außenluft kommt, ist die Mischung mit Frostschutzmittel ratsam. Das Frostschutzmittel Antifrogen L ist ein Konzentrat und ungiftig, es darf deshalb im Lebensmittelsektor eingesetzt werden.[74]

Trägermedium Sole

Sole ist ein Gemisch und setzt sich aus Wasser und einem Frostschutzmittel zusammen. Der Einsatzpunkt beginnt sobald Temperaturen unter +5°C auf das System einwirken. Das Ziel der Sole, ist die Absenkung des Gefrierpunktes. Mit zunehmender Konzentration des Frostschutzmittels, nimmt die Zähigkeit erheblich zu. Zur Anwendung kommt die Sole bei Anlagen die einen direkten Kontakt mit der Außenluft haben und bei denen eine Frostgefahr besteht.[75]

7.3 AISIN GMWP im Indirekten Verdampfungssystem

Funktionsprinzip der GMWP- Anlage im Indirekten Expansionssystem

Einzuordnen ist diese Variante als Luft- Wasser- System, wie im Anhang B Einteilung von Klimaanlagen und Klimageräten, ersichtlich.

Im Außenbereich befindet sich die Gasmotorwärmepumpe. Diese erzeugt, über Verdichter, ein überhitztes Heißgas im Kältemittelkreis. Das Gas strömt in einen Wärmeübertrager, der in der Inneneinheit liegt.

Der Wärmeübertrager trennt das primäre Kältemittelsystem vom sekundären Wassersystem.

---

[74] Ihle, Klimatechnik, Band 4.: Klimatechnik mit Kältetechnik. S.513
[75] Recknagel, Sprenger, Schramek: Taschenbuch…Klima Technik. S.1553-1554

7. Installationsart Indirektes Expansionssystem

Das Wasser bzw. die Sole nimmt Energie auf oder gibt Energie ab, je nach Heiz- oder Kühlfall. Umgesetzt wird es im System durch die im Innenbereich befindliche SKVP, Speicher- Kondensator- Verdampfer- Pumpenstation. In der Station befindet sich ein Speicher, eine Pumpe und wie beschrieben ein WÜT. Das Medium wird im Inneren des Gebäudes nach Möglichkeit mit einem Speicher gepuffert und über einen Verteiler in ein Rohrnetz geführt. Das Wasser- Sole- Netz beinhaltet Komponenten die in einem gewöhnlichen Heizung- oder Kühlungssystem vorhanden sind. Mittels von Umwälzpumpen wird das Medium zu den Verbrauchern geführt. Diese entziehen oder geben Energie an den Raum. Dabei können unterschiedlichste Systeme Verwendung finden, wie z.B. Ventilator- und Konvektoren-, Flächensysteme, Kanaleinbaugeräte und WÜ in RLT- Geräten.

Nach dem der Verbraucher durchflossen ist, gelangt das Medium zurück in die SKVP. Dort beginnt der sekundäre Kreislauf mit dem primären erneut den Bedarf zu organisieren.

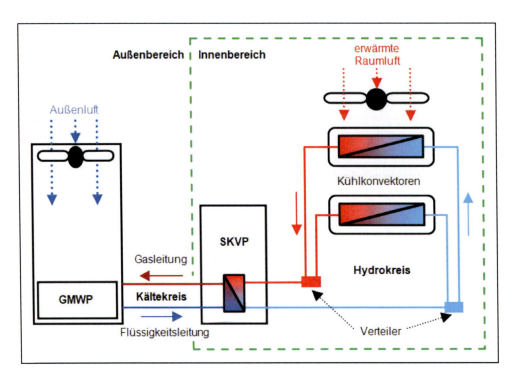

Abb.24: Schematische Darstellung einer GMWP- im Indirekten Expansionssystem

7. Installationsart Indirektes Expansionssystem

7.4 Kalkulation des Anlagenausrüstungsbedarfes

Projektierung der AISIN Speicher- Kondensator- Verdampfer- Pumpen-Station

Abb.25: Aufbau der SKVP- Übergabestation[76]

Die Auswahl der Speicher- Verdampfer- Kondensator- Pumpenstation wird von dem in der Verkaufsstätte benötigten Kühlbedarf bestimmt. Der wurde nach VDI 2078 ermittelt, Details sind dem Kapitel 4.2 zu entnehmen. Es wird ein Kühlbedarf von 63,8kW im Objekt benötigt. Das dafür in Frage kommende Yoshi Hydraulikmodul

---

[76]ASUE: Grafik Gaswärmepumpe SKVP. Unter: http://asue.de/themen/gaswaermepumpe-kaelte/grafiken/grafik_581.html. [04.09.2011]

7. Installationsart Indirektes Expansionssystem

ermöglicht eine Nennkühlleistung von 67,5kW. Der benötigte Heizbedarf ist nach der DIN EN 12831 ausgeführt und es sind 60kW berechnet worden. Die von der Übertragungsstation erbrachten 80kW sind somit ausreichend. Die Bezeichnung von dem ausgewählten Modell lautet Yoshi Hydraulikmodul 25 HP. Das Technische Datenblatt ist im Anhang C hinterlegt. Diese Übertragungsstation ermöglicht für die Beheizung eine Temperatur von 47,0°C im VL und 41,0 °C im RL. Im Fall einer Kühlung sind Temperaturen von 7,0°C im VL und 12,0 °C im RL realisierbar. Im Inneren der SKVP befindet sich ein kleiner 200l Speicher. Die max. Durchflussmenge der Inlinepumpe beträgt 11,5 m³/h, eine Förderung von Glykohl ist möglich.

Der Bereich an der Station ist auf der Rückseite mit 0,2m und den anderen 3- Seiten mit 0,6m frei zu halten. Das SKVP- Paket umfasst einen Filter, dieser wird im Rücklauf des Hydraulikmoduls installiert.

Bei der Installation der Übertragungsstation sind gewisse Abstände zur GMWP einzuhalten. Betrachtet werden muss der Fall ob die Übertragungsstation unterhalb der GMWP oder oberhalb positioniert ist. Wenn die SKVP unterhalb der GMWP ist, so darf eine Höhendifferenz von 25m nicht überschritten werden. Im umgekehrten Fall, wenn eine SKVP oberhalb der GMWP liegt, ist eine Höhendifferenz von 20m als Grenze vom Hersteller vorgegeben. Bei der Installation in unterschiedlicher Höhe ist ein Ölsack, im Abstand von 10m in die Saugleitung, einzusetzen.

Nach den Vorbetrachtungen ist keine Höhendifferenz der SKVP- Station zur GMWP vorhanden, wodurch die zusätzliche Installation von einem Ölsack entfällt.

Auswahl der AISIN Gasmotorwärmepumpe

Die Gasmotorwärmepumpe soll als einziger Erzeuger, monovalent den Bedarf der Verkaufsstätte decken. Bei Verbindung der GMWP mit der SKVP, wird die Gasmotorwärmepumpe unter Volllast betrieben. Dadurch steigt die Effizienz und die Motorlaufzeit wird verkürzt.

Bei dieser Anlagenvariante wird die GMWP nach der zuvor ausgesuchten SKVP- Übertragungsstation gewählt. Jedem Modell einer Gasmotorwärmepumpe ist ein bestimmtes SKVP- Gerät zugeordnet. Für die Speicher- Kondensator- Verdampfer- Pumpenstation, mit dem Modell Yoshi Hydraulikmodul 25 HP, gehört das GMWP- Außengerät AXGP710D1N (25HP). Ein Erdgasanschluss ist auf dem Gelände vorhanden, somit entfällt der Einsatz von Flüssiggas. Das Datenblatt der GMWP ist im Anhang C hinterlegt.

7. Installationsart Indirektes Expansionssystem

Rohrdimensionen zwischen GMWP und SKVP

Die zu wählende Rohdimension gibt der Hersteller AISIN vor. Aus den Produktunterlagen ist zu entnehmen, dass für jede SKVP- Station eine passende Saug- und Druckleitungsdimension vorgegeben ist.

Bei der SKVP- Übertragungsstation, Modell Yoshi Hydraulikmodul 25 HP, wird folgender Durchmesser in der Planungsunterlage angegeben.

Saugleitung DN 28 x 1,5mm

Druckleitung DN 12 x 1,0mm

Im Anhang C ist eine Übersicht mit den SKVP- Rohrdimensionen hinterlegt. Die Rohrleitung muss aus Kupferrohr, nach DIN EN 12735-1 für die Kältetechnik, gefertigt werden.[77]

Füllmengenberechnung der Kältemittelleitung

Die Berechnung wird mit einer Formel des Herstellers AISIN durchgeführt. Dazu wird die Rohrlänge L der Druckleitung, der Durchmesser und ein Platzhalter Q benötigt. Der Platzhalter Q wird über die zuvor ausgewählte GMWP der Tabelle entnommen. Eine genaue Übersicht der einzusetzenden Werte ist dem Anhang C zu entnehmen.[78]

---

[77] AISIN EnerSys: Technisches Handbuch der Serie D1-2. S.99-100
[78] AISIN EnerSys: Technisches Handbuch der Serie D1-2. S.102

7. Installationsart Indirektes Expansionssystem

$m_{Kältemittel}=$ [kg] Gl.26

$= Q + (L_1 * 0,39) + (L_2 * 0,28) + (L_3 * 0,20) + (L_4 * 0,13) + (L_5 * 0,06) + (L_6 * 0,028)$

$= +1,5 + (0 * 0,39) + (0 * 0,28) + (4 * 0,20) + (0 * 0,13) + (0 * 0,06) + (0 * 0,028)$

$\underline{\underline{= 2,3 kg}}$

Im Prozess befindet sich die Masse von 2,3kg Kältemittels R 410A.

Auswahl der geeigneter Klimakassetten und des WÜ

Klimakassetten

Die Klimakassetten werden nach der Kühllast gewählt. In der Abb.26 ist Raumweise die Anzahl an Klimakassetten und die jeweilige Typenbezeichnung aufgeführt. Das Datenblatt der gewählten Geräte befindet sich im Anhang C.

Raum-Nr./ Bezeichnung	Anzahl der Inneneinheiten	Bezeichnung der Inneneinheiten
	Stück	Typ
1. Verkaufsraum	6	Doppelraster, Baugröße 45, Kühlleistung 10,2kW
2. Lagerraum Pfand	1	Wandgerät, Baugröße 07, Kühlleistung 1,8kW
3. Hauptlagerraum	2	Doppelraster, Baugröße 30, Kühlleistung 6,4kW
4. WC-Herren	-	-
5. WC-Damen	-	-
6. Aufenthaltsraum- Mitarbeiter	1	Wandgerät, Baugröße 07, Kühlleistung 1,8kW
7. Technikraum	-	-
8. Büroraum	1	Wandgerät, Baugröße 07, Kühlleistung 1,8kW
9. RLT	-	-
10. Flur	-	-

Abb.26: Übersicht der gewählten Kampmann Wassersystem- Klimakassetten

WÜ Auslegung für ein RLT-Gerät

Da der unmittelbare Kontakt mit der Außenluft besteht, muss dem Trägermedium ein Frostschutzmittel zugesetzt werden. Bei einem Anitifrogen L- Anteil von 38%, ist ein Betrieb bis -19°C gewährleistet.

7. Installationsart Indirektes Expansionssystem

Das Heiz- und Kühlregister wurde über die Onlinefunktion des Unternehmens Hombach Wärmetechnik GmbH ausgewählt. Dabei sind Werte über den Luftvolumenstrom, das Trägermedium, VL- u. RL- Temperatur und Baugröße in das Programm eingesetzt worden. Der Luft- Erhitzer hat eine höhere Leistung und der Kühler ist nicht in der benötigten Größe verfügbar, deshalb wird der Erhitzer mit einer Leistung von 13,46kW gewählt. Die Daten zum gewählten WÜ liegen dem Anhang C bei.

Zustände am RLT- WÜ

Die Ergebnisse sind analog zum Kapitel 7.4, da der Berechnungsgang identisch ist.

Rohrnetzberechnung

An einer Rohrinnenwand sind Rauhigkeiten vorhanden, welche bei Werkstoffen unterschiedlich ausgeprägt sind, dabei wird während dem hindurch fließen eines Mediums Reibung erzeugt. In Folge dessen tritt ein Druckverlust auf. Weitere Widerstände sind eine Richtungsänderung und Querschnittsveränderungen. Da sich ein Medium in einem Kreis bewegt und sich die Widerstände Summieren, erhöht sich der Druckverlust. Die Pumpe im Kreis bewegt das Medium und muss durch den Pumpenumtriebs- Druck die Widerstände überwinden.

Unter Zuhilfenahme des erstellten Grundrisses und den darauf platzierten Wasserkassetten, wurde ein Strangschema erarbeitet. Durch anschließende Zerlegung der einzelnen Stränge, ergaben sich Teilstrecken mit der Kurzbezeichnung TS. Damit konnte die Heizleistung für jede durchströmte Teilstrecke ermittelt werden, die in dem Excel-Arbeitsblatt Rohrnetzauslegung-Heizung u. Kühlung_Systemvergleich.xls, der Rohnetztabelle ersichtlich ist.

Für die Verteilung der erzeugten Energie des Erzeugers, wird jeweils ein Verteilerbalken für den Vor- und Rücklauf installiert. Von dem Verteiler wird die Heiz- oder Kühlmenge durch einen Strang und durch die darin enthaltenen Teilstücke fließen, um letztendlich den Verbraucher zu erreichen.

Als Beispiel wird die TS1 gewählt und die dafür benötigten Werte berechnet. Es wird Kupferrohr nach DIN 1786 verwendet. In der Gl.28 wird mit der Heizleistung gerechnet, da die Heizleistung größer als die Kühlleistung ist und von der gleichen Temperaturspreizung auszugehen ist. Als Resultat ergibt sich ein höherer Massenstrom.

7. Installationsart Indirektes Expansionssystem

Dafür ist die Gl.27 nach dem Massenstrom umzustellen.

$$\dot{Q} = \dot{m} \cdot c \cdot \Delta t \qquad [W] \qquad \text{Gl.27}$$

$$\dot{m} = \frac{\dot{Q}}{c \cdot \Delta t} \qquad [kg] \qquad \text{Gl.28}$$

$$\dot{V} = \frac{\dot{m}}{\rho} \qquad \left[\frac{m^3}{h}\right] \qquad \text{Gl.29}$$

Mit der auf die Teilstrecke wirkende Heizleistung, wurde der Massenstrom nach Gl.28 ermittelt, welcher bei einer definierten Temperaturspreizung fließt.

$$\dot{m}_{W,H} = \frac{\dot{Q}_{GMWP,H}}{c_S \cdot \Delta t_{S,H}} = \frac{73.845 W \cdot kg \cdot K}{1{,}028 Wh \cdot (47 - 41)K} = \underline{\underline{11972{,}28 \frac{kg}{h}}} \qquad \text{Gl.28}$$

Durch einsetzen des Massenstroms $\dot{m}_{W,H}$ in Gl.29, konnte der Volumenstrom berechnet werden.

$$\dot{V}_{W,H} = \frac{\dot{m}_{W,H}}{\rho_S} = \frac{11.972 kg \cdot m^3}{1050 kg \cdot h} = \underline{\underline{11{,}40 \frac{m^3}{h}}} \quad \underline{\underline{3{,}17 \frac{l}{s}}}$$

Das Ergebnis von 3,17l/s ist der durch die Teilstrecke fließende Volumenstrom und findet Verwendung bei der Ermittlung der Rohrnennweite. Dann wird aus dem

7. Installationsart Indirektes Expansionssystem

Tabellenbuch[79] für den Volumenstrom die Rohrnennweite von DN65 und das Rohrreibungsdruckgefälle von 80Pa/m für Kupferrohr entnommen. Dieser Wert liegt im korrekten Bereich von 50 bis 100Pa/m und kommt in Kesselstromkreisen >DN50 vor.[80]

Im nächsten Schritt wird die Fließgeschwindigkeit berechnet, dafür wird der Volumenstrom $\dot{V}$ und der zuvor abgelesene Innendurchmesser d_i benötigt.

Herleitung:

$$w = \frac{\dot{V}}{A} \quad\quad\quad\quad\quad\quad\quad\quad\quad\quad\quad\quad\quad\quad \text{Gl.30}$$

$$w = \frac{\dot{V} \cdot 4}{d_i^2 \cdot \pi} \quad\quad\quad\quad \left[\frac{m}{s}\right] \quad\quad\quad\quad\quad\quad\quad \text{Gl.31}$$

$$w_R = \frac{\dot{V} \cdot 4}{d_i^2 \cdot \pi} = \frac{11{,}402 m^3 \cdot 4}{h \cdot (0{,}065m)^2 \cdot 3{,}14} \cdot \frac{1h}{3600s} = \underline{\underline{0{,}95 \frac{m}{s}}} \quad\quad \text{Gl.32}$$

Die Kreisfläche A_K wird in die Gl.30 gesetzt, womit die Fließgeschwindigkeit von 0,95m/s berechnet werden konnte.

Druckverlustermittlung in geraden Rohren

Um den Druckverlust einer geraden Rohrstrecke zu ermitteln, wird die Rohrlänge der TS1 benötigt, diese ist in der Rohnetztabelle der Excel- Arbeitsmappe Rohrnetzauslegung-Heizung u. Kühlung_Systemvergleich.xls, abgelegt. Für die dimensi-

---

[79] Westermann, Richter…:Anlagenmechanik für Sanitär…Klimatechnik Tabellen. S.231, Tab.231.1
[80] Prof. Dr. -Ing. B. Stanzel, Heizungs- und Feuerungstechnik: Kap. 5-3. S.2

7. Installationsart Indirektes Expansionssystem

onslose Rohrreibungszahl λ wird der Wert 0,03 angenommen. Der Druckverlust kann mit der Gl.33 ermittelt werden.

$$\Delta p_{vR} = \lambda \cdot \frac{l_R}{d_i} \cdot \frac{\rho_{W,H}}{2} \cdot w_{TS1}^2 \qquad [Pa] \qquad \text{Gl.33}$$

$$= 0,03 \frac{4,5m}{0,065m} \cdot \frac{1016 kg}{2 \cdot m^3} \cdot \left(0,95 \frac{m}{s}\right)^2 = \underline{\underline{952,21 Pa}}$$

Einheitenbetrachtung:

$$= \frac{\cancel{m}}{\cancel{m}} \cdot \frac{kg}{m^{\cancel{3}}} \cdot \frac{\cancel{m^2}}{s^2} = \underline{\underline{\frac{kg}{m \cdot s^2}}}$$

$$= 1Pa = \frac{1N}{m^2} \xleftarrow{\text{einsetzen}} 1N = \frac{kg \cdot m}{s^2}$$

$$\rightarrow \frac{kg \cdot \cancel{m}}{\cancel{m^2} m \cdot s^2} = \underline{\underline{\frac{kg}{m \cdot s^2}}}$$

Druckverlustberechnung durch Einzelwiderstände:

Die Summe der sich in TS 1 befindlichen Einzelwiderstände ζ ergab einen überschlägig ermittelten, dimensionslosen Widerstandsbeiwert von 12. Mit der Dichte $\rho_{W,H}$ des durchfließenden Mediums, der Fließgeschwindigkeit w_R und dem Widerstandsbeiwert kann der Druckverlust der Einzelwiderstände ermittelt werden.

$$\sum Z = \zeta \cdot \frac{\rho_{W,H}}{2} \cdot w_{TS1}^2 \qquad [Pa] \qquad \text{Gl.34}$$

$$= 12 \cdot \frac{1016 kg}{2 \cdot m^3} \cdot \left(0,95 \frac{m}{s}\right)^2 = \underline{\underline{5501,64 Pa}}$$

Es entsteht ein Druckverlust, nach Gl.34 in der TS1 mit allen Einzelwiderständen, von 5501Pa.

7. Installationsart Indirektes Expansionssystem

Gesamtdruckverlust aus der Teilstrecke 1:

Dazu muss der Druckverlust des geraden Rohres Δp_{vR} mit dem Druckverlust der Σ der Einzelwiderstände Zaddiert werden.

$$\Delta p_{Ges} = \Delta p + \Sigma Z \qquad [Pa] \qquad Gl.35$$

$$\Delta p_{Ges} = \Delta p_{vR} + \Sigma Z = 952,21 Pa + 5501,64 Pa = \underline{\underline{6453,85 Pa}} \quad \underline{\underline{0,06453 bar}}$$

Das Beispiel der Druckverlustberechnung in TS 1 ist abgeschlossen, dabei ergab es einen Gesamtdruckverlust Δp_{Ges} von 0,06bar.

Auslegung der Umwälzpumpen[81]

Ein Medium wird an der Rohrinnenwand, durch Rauhigkeiten, abgebremst. Die Aufgabe der Umwälzpumpe ist eine Erzeugung des Umtriebsdruckes, um das Medium durch den Kreis zu fördern.

Das Hydraulikmodul hat eine Förderumwälzpumpe, welche im Gerät verbaut ist und den ersten und zweiten Teilstrang überwindet. Somit erfolgt eine Auslegung der Umwälzpumpen für die Strangnummern 1 – 4. Für die Auslegung wird das WILO-Pumpenprogramm Select 3 verwendet. Um passende Umwälzpumpen aus dem Programm zu erhalten, müssen einige Vorbetrachtungen erfolgen.

In das Programm ist der Pumpenförderstrom einzugeben, der zuvor für jeden Strang berechnet werden muss.

---

[81] WILO AG: Grundlagen Pumpentechnik. Unter: http://www.wilo.de/cps/rde/xbcr/pt-pt/Pumpenfibel_W2191.pdf. S.1-64 [10.10.2011]

7. Installationsart Indirektes Expansionssystem

In dem Beispiel wurde mit der TS 1 der Fördervolumenstrom der auszulegenden Umwälzpumpe, unter Verwendung der Gl.36, berechnet.

$$\dot{V} = \frac{\dot{Q}}{\rho \cdot c \cdot \Delta t} \qquad \left[\frac{m^3}{h}\right] \qquad \text{Gl.36}$$

$$\dot{V}_F = \frac{19.800 W \cdot m^3 \cdot kg \cdot K}{1016 kg \cdot 1,028 Wh \cdot (47-41)K} = 3,16 \frac{m^3}{h}$$

Der Gesamtförderstrom von 3,16 m³/h ist im WILO- Programm, in den Bereich Betriebspunkt einzugeben.

Des Weiteren ist die Gesamtförderhöhe zu ermitteln. Dafür stellt WILO- aus Grundlagen Pumpentechnik eine Formel zur Verfügung, mit dem überschlägig dieser Wert errechnet werden kann. Benötigt wird der ungünstigste Strang L, der in Tab.12 zu finden ist. Der Wert $R_{P,F}$ sollte nach WILO zwischen 50- 150Pa/m liegen. Durch Bildung des arithmetischen Mittels kann $R_{P,F}$ berechnet werden. Eine Summenbildung des Rohrreibungsverlustes R, aus der Excel- Arbeitsmappe Rohrnetzauslegung-Heizung u. Kühlung_Systemvergleich.xls, dividiert durch die gesamte Anzahl der Teilstrecken.

$$R_{P,F} = \frac{\sum R_{P,F}}{n_{ges,TS}} = \frac{3620 Pa}{m \cdot 36} \qquad \left[\frac{Pa}{m}\right] \qquad \text{Gl.37}$$

$$= 100,56 \approx 100 \frac{Pa}{m}$$

Die Berechnung ergab einen Rohrreibungsverlust $R_{P,F}$ von 100Pa.

Den Zuschlagsfaktor ZF für Formstücke und Armaturen wurde mit 2,6 angenommen. Der Wert 10.000 ist nach WILO, ein Umrechnungsfaktor. Durch einsetzen der Werte in die Gleichung 38, ergibt sich eine Pumpenförderhöhe H_{PU} von 1,56m.

$$H_{PU} = \frac{R_{P,F} \cdot L_{ges} \cdot ZF}{10.000} \qquad [m] \qquad \text{Gl.38}$$

7. Installationsart Indirektes Expansionssystem

$$H_{PU} = \frac{100Pa \cdot 60m \cdot 2,6}{m \cdot 10.000} = \underline{\underline{1,56m}}$$

Die Pumpenförderhöhe ergibt 1,56m.

In der Tab.12 sind aus TS bestehende Rohrstrecken zusammengefasst. Die Umwälzpumpen werden mit den aus der Tab.12 errechneten Werten ermittelt.

Strang- Nr.:/ Teilstrecke	max. Leistung im Strang	benötigter Fördervolumenstrom	Länge ungünstigster Strang L	Pumpen-Förderhöhe
-	[W]	[m³/h]	[m]	[m]
1/ 3;4;5;6;7;8;9	19.800	3,16	60	1,560
2/ 10;11;12	14.000	2,23	28	0,728
3/ 13	12.000	1,92	12	0,312
4/ 14;15;16;17;18	38.000	6,06	74	1,924

Tab.12: Übersicht der Werte für die Umwälzpumpenauslegung

Mit dem WILO Pumpenauslegungsprogramm wurden die Umwälzpumpen für jeden einzelnen Strang ermittelt. In der Tab.13 befinden sich die gewählten Modelle nach Rohrsträngen zusammengestellt.

Strang- Nr.:/ Teilstrecke	Pumpenbezeichnung
-	-
1/ 3;4;5;6;7;8;9	Stratos 25/1-6 CAN PN6
2/ 10;11;12	Star-RS 25/4 EM PN10
3/ 13	Star-RS 25/2-(De) EM PN10
4/ 14;15;16;17;18	Stratos 25/1-6 CAN PN10

Tab.13: Ausgewählte WILO Umwälzpumpen

7. Installationsart Indirektes Expansionssystem

Pufferspeicher Dimensionierung

Aufgaben eines Pufferspeichers[82]:

- hydraulische Entkopplung
- Taktungen vom Erzeuger vermeiden
- zeitliche Entnahme von der Erzeugung trennen
- effizienten Betrieb bei schwer regelbaren Verbrennungsprozessen
- bei Reduzierung am Verbraucher, Volumenstrom konstant zu halten
- Sperrzeiten von EVU überbrücken

Die GMWP deckt als Erzeuger die Heiz- und Kühllast vollständig ab. Eine Energiebevorratung wäre deshalb nicht nötig. Wie bei der Auswahl der Gasmotorwärmepumpe beschrieben, erzeugt die GMWP in Verbindung mit einer Hydraulikstation die max. abrufbare Leistung. Dadurch würde bei einem geringen Bedarf eine häufige Taktung entstehen. Der Pufferspeicher ist deshalb zwingend notwendig zu installieren. Infolge der Installation, ist es möglich das Taktverhalten entscheidend zu verringern. Um einen effektiven Betrieb zu gewährleisten, ist es von großer Bedeutung die max. bzw. min. Temperaturen der GMWP auf den Speicher zu übertragen. Der Pufferspeicher wird in diesem konkreten Fall als Taktspeicher angesehen. Die GMWP schaltet sich erst nach vollständiger Entladung des Speichers zu.

Ein Problem stellt die Übergangszeit dar, da an nur einem Tag in der Verkaufsstätte ein Bedarf der Heiz- und Kühlenergie bereitgestellt werden muss. Bei der Installation von einem Pufferspeicher, könnte es demnach zu einer Kühlanforderung kommen und nur wenig später muss geheizt werden. Dabei muss das kostbar erzeugte Kühlwasser durch Erwärmung aufgeheizt werden. Dieser Variante ist im Fall der Verkaufsstätte unsinnig.

---

[82] Bruno Bosy: Beschreibung eines Pufferspeichers. Unter: http://www.bosy-online.de/Pufferspeicher.htm. [02.09.2011]

7. Installationsart Indirektes Expansionssystem

Als Vorteilhaft anzusehen wäre ein Verschalten von zwei Speichern. Einer ist für die Objektkühlung und der andere Pufferspeicher dient der Beheizung der Verkaufsstätte. Damit kann durch schnelles Umschalten der Wechsel zwischen Heizen und Kühlen vollzogen werden. Es kann sowohl der Bedarf gedeckt, als auch eine Umschaltung in der Übergangszeit realisiert werden.

Bei der Speicherung darf es zu keiner Vermischung der sich einstellenden Schichten im Pufferspeicher kommen. Dafür sind nach Angabe von AISIN Strömungsrohre zu installieren.[83]

Die Auslegung erfolgt unter der Annahme, dass die GMWP eine Laufzeit von 5min nicht unterschreitet. In diesen 5min überträgt die Gasmotorwärmepumpe die volle Leistung auf das Übertragungsmodul und hat die Betriebstemperatur erreicht. Berechnet wird das Volumen des Pufferspeichers V_{Sp}, für die Heizung und für die Kühlung. Die Heiz- und Kühlleistung $\dot{Q}$ wird vom Hersteller vorgegeben, wie auch die Temperaturdifferenz Δt.

$$\dot{Q} = \frac{Q}{t} \quad [kW] \qquad \text{Gl.39}$$

$$Q = m \cdot c_W \cdot \Delta t \quad [kWh] \qquad \text{Gl.27}$$

Durch Umstellung beider Formeln nach Q und dem anschließenden Umstellen nach der Masse m, wird folgende Gleichung erhalten.

$$Q = \dot{Q} \cdot t \rightarrow Q = m \cdot c_{W,H} \cdot \Delta t_{W,H} \qquad \text{Gl.40}$$

---

[83] AISIN EnerSys: Technisches Handbuch der Serie D1-2. S.110-114

7. Installationsart Indirektes Expansionssystem

$$m_{Sp,H} = \frac{\dot{Q} \cdot t}{c_S \cdot \Delta t_{W,H}}$$

Für den Heiz- Pufferspeicher ist die Heizleistung $\dot{Q}_H$ mit 80.000W, die Temperaturdifferenz zwischen der Übertragungsstation am Eingang des WÜ und dem Ausgang mit 6K bekannt. Die benötigte Wärmekapazität der Sole beträgt 1,028Wh/kg*K.

$$m_{Sp,H} = \frac{\dot{Q}_{GMWP,H} \cdot t_{Min}}{c_S \cdot \Delta t_{W,H}} = \frac{5\min \cdot 1h}{60\min} \cdot \frac{80.000W \cdot h \cdot kg \cdot K}{1,028Wh \cdot (47-41)K} = 1080,847kg$$

Durch einsetzen der Werte erhält man die Speichermasse von 1081kg. Für die Beheizung ist ein 1000l Pufferspeicher auszuwählen.

Bei dem Kühlspeicher wird analog verfahren und in die Gl.40 eingesetzt. Die Kühlleistung beträgt hier 67.500W und die Temperaturdifferenz $\Delta t_{W,K}$ wird mit 5K angegeben. Nach einsetzen der Werte ergibt sich die Formel.

$$m_{Sp,H} = \frac{5\min \cdot 1h}{60\min} \cdot \frac{67.500W \cdot h \cdot kg \cdot K}{1,028Wh \cdot (12-7)K} = 1094,358kg$$

Als Ergebnis der Speichermasse ergibt sich der Wert von 1095kg. Der Kühl-Pufferspeicher wird demnach mit 1000l gewählt.

Fazit:

Indem die Pufferspeicher im System miteinander Verschaltbar sind, kann je nach Bedarf geheizt und gekühlt werden. Da der Platz am Aufstellungsort begrenzt ist, dürfen die Pufferspeicher eine bestimmte Dimension nicht überschreiten. Allerdings ist eine Aufstellung des Kalt- und Warmwasserspeichers, in der Dimension 1000l, problemlos realisierbar. Die gewählten Speicher können eine Laufzeit von 5min der GMWP abdecken und verhindern eine unnötige Taktung. Eine hochwertige Isolierung um den Pufferspeicher herum, sorgt für eine Senkung der Bereitschaftsverluste und der damit verbundenen Betriebskosten.

7. Installationsart Indirektes Expansionssystem

Füllmengenberechnung des Indirekten Expansionssystems

Für die Berechnung ist die Summe der gefüllten Anlagenbestandteile, mit dem Medium Sole, heran zu ziehen.

Rohrleitungen:

Betrachtet wird das Volumen in den Rohrleitungen. Dazu müssen die Werte aus der Tab.14 in die Gl.41 eingesetzt werden. Das Beispiel zeigt die Betrachtung eines Rohres mit dem Innendurchmesser DN 65.

Gegeben: $d_i = DN$

$h = Rohrlänge$

$$V_R = \frac{d_i^2 \cdot \pi \cdot h}{4} \quad [m^3] \qquad Gl.41$$

$$V_R = \frac{d_i^2 \cdot \pi \cdot h}{4} = \frac{(0,065m)^2 \cdot 3,14 \cdot 13m}{4} = \underline{\underline{0,04312m^3}}$$

Das ermittelte Volumen des Mediums beträgt $\underline{\underline{0,04312m^3}}$ 43l.

DN	[-]	65	50	40	32	25
Rohrlänge	[m]	13	69	38	12	55
Volumen	[m³]	0,043	0,135	0,048	0,010	0,027
∑ Volumen	[m³]	0,236				
∑ Volumen	[l]	236				

Tab.14: Das Volumen der Rohre nach DN geordnet

Pufferspeicher:

Ein Pufferspeicher beinhaltet 1000l und zwei sind für die Verkaufsstätte vorgesehen. Das sind 2000l die sich durch die Pufferspeicher im Anlagenvolumen befinden.

7. Installationsart Indirektes Expansionssystem

Klimakassetten:

Das Volumen in den Klimakassetten ist nicht zu vernachlässigen und wird deshalb erfasst.

Folgende Mengen befinden sich in den Kassetten:

→3 x Kampmann Wandkassette, Baugröße 07 → 0,5l

→2 x Kampmann Deckenkassette, Baugröße 30 → 2,5l

→6 x Kampmann Deckenkassette, Baugröße 45 → 16,3l

Die Werte wurden den Datenblättern entnommen und ergeben in der Summe ein gesamt Volumen von 20,3l.

Volumen der Anlagenbestandteile	Einheit	Rohrleitung	Pufferpeicher	SKVP-Speicher	Klima-kassetten
Volumen	[m³]	0,236	2,0	0,2	0,023
Volumen	[l]	236	2000	200	20,3
∑ Volumen	[m³]	2,459			
∑ Volumen	[l]	2459			

Tab.15: Gesamtes Anlagenvolumen der Wasserseite

In der Tab.15 ist das gesamte Speichervolumen der Wasserseite erfasst.

Um den Frostschutz mit Antifrogen L von -19°C zu gewährleisten, ist das Wasser mit 934,42kg zu verdünnen.

Fazit:

In Folge des zusätzlichen Speichervolumens, ist die GMWP in der Lage länger als zuvor berechnet zu laufen. Dem Speichervolumen von 1000l können weitere 456,3l aus dem SKVP- Speicher, den Rohrleitungen und den Kassetten hinzu addiert

7. Installationsart Indirektes Expansionssystem

werden. Es kann eine verlängerte Laufzeit durch Umstellung, der Gl.40 nach t_{min}, berechnet werden.

$$t_{min} = \frac{m_A \cdot c_S \cdot \Delta t_{W,H}}{\dot{Q}_{GMWP,H}} = \frac{1459 kg \cdot 1,028 Wh \cdot (47-41)K}{80.000 W \cdot kg \cdot K} \cdot \frac{60 min}{1h} = \underline{\underline{6,75 min}}$$

Somit ist es möglich, dass die GMWP 35% länger laufen kann.

Bemessung eines geeigneten Sicherheitsventils

Das einzusetzende Sicherheitsventil schützt Anlagen vor unkontrollierten Drucksteigerungen, deshalb muss eine fehlerfreie Funktion gewährleistet sein. Nach dem Überschreiten des Ansprechdruckes löst das Sicherheitsventil aus. In geschlossenen Heizungsanlagen kommen Membran- Sicherheitsventile nach DIN 4751/2, 3 und 4 zum Einsatz. Die Anschlussgröße wird nach Anlagengröße bestimmt. Da diese Anlage eine Nennleistung von 100kW nicht überschreitet, kommt ein Membran- Sicherheitsventil der Nennweite DN 20, Anschlussgewinde G ¾" und einem Ansprechdruck von 2,5bar zum Einsatz.

Berechnung eines Ausdehnungsgefäßes[84][85]

Das Anlagenvolumen V_A wurde zuvor berechnet und beträgt 2459l.

Eine detaillierte Berechnung ist dem Anhang B, Ermittlung der Ausdehnungsgefäßgröße, beigefügt. Gewählt ist ein 140l Ausdehnungsgefäß, da für den berechneten Wert von 131l kein passendes Membran- Ausdehnungsgefäß zur Verfügung stand, ist das nächst Größere aus zu wählen.

---

[84] Mitschriften Sebastian Hellmann: Rohleitungs- u. Apparatetechnik. Dimensionierung eines Ausdehnugsgefäßes. Sem.4
[85] Richter, Günther, Wagner, Miller, Patzel: Anlagenmechanik…., Tabellen. S.431-433

7. Installationsart Indirektes Expansionssystem

Zusätzliche Bestandteile des Indirekten Expansionssystems

Heiz- und Kühlverteilerbalken

Der Verteilerbalken leitet das beinhaltende Medium vom Erzeuger zum Verbraucher und wider zurück. Der Verteilerbaum verändert den Widerstand des Mediums und erhöht somit den Druckverlust.

In das System wird ein kombinierter Magra Verteilerbalken eingesetzt, die Einsatzgrenze beträgt 165kW. Das Datenblatt ist dem Anhang C beigefügt.

Drei- Wege- Ventil

Mit dem Drei- Wegeventil kann die Fließrichtung des Mediums reguliert werden, bzw. wird eine Beimischung realisiert.

In diesem System wird das Medium kontrolliert zum Speicher oder direkt zum Verbraucher geführt. Gewählt wurde das Magra DN64 Drei- Wege- Ventil, ausführliche Daten liegen dem Anhang C bei.

Überströmventil

Das Überströmventil wird zum Bsp. über der Pumpe eingesetzt und schafft eine direkte Verbindung zwischen VL und RL (Bypass). Eine Feder gibt den Vordruck des Ventils an, mit der der Anlagendruck angepasst werden kann. Das Überströmventil reguliert das System bei plötzlich auftretenden Druckerhöhungen, indem es den Bypass öffnet und für einen Druckausgleich sorgt. Somit werden eine Überbelastung von Pumpen und die Erhöhung des Energieverbrauchs verhindert.

Gewählt werden vier Überströmventile Honeywell DU146 ¾". Der Durchmesser gewährleistet das Überströmen des Mediums. Im Anhang C ist das Datenblatt hinterlegt.

7. Installationsart Indirektes Expansionssystem

7.5 Steuerung und Regelung des Indirekten Expansionssystems

Die GMWP kommuniziert mit dem Hydraulikmodul über eine Kabelverbindung. Wie schon beschrieben, erbringt nach Anforderung des Hydraulikmoduls, die GMWP die erzeugbare Gesamtleistung auf das Wassersystem. Die wasserseitige Steuerung und Regelung wird zentral am Hydraulikmodul vollzogen.

In dem Hydraulikmodul befindet sich ein vorgefertigtes Steuerungs- und Regelungssystem, welches individual zu erweitern ist. Dieses kann mit dem existierenden Gebäudeautomationssystem verknüpft werden oder die neu installierte Anlage Steuern und Regeln. Die Bezeichnung DDC bedeutet, dass es ein Regeltechnisches Verfahren ist, bei dem direkt und digital, mit einer Software, die Regelung vollzogen wird. Anlagenparameter und Wassermengen lassen sich mit der Mikroprozessorregelung überprüfen und ändern.

Des Weiteren ist die Integration eines Moduls, welches von Wärmetechnik Quedlinburg GmbH & Co. vertrieben wird, möglich. Dabei kann das Modul regelungstechnische Abläufe von mittleren bis sehr großen Anlagen realisieren. Am Modul sind serielle Anschlüsse, um weitere Systeme zu initialisieren. Das Gerät besitzt Netzwerkanschlüsse, über die eine Verknüpfung mit weiteren PCs, dem Internet per Modem und weiter Gebäudeautomation möglich ist. Mit geeigneter Software, kann am PC eine Visualisierung erfolgen, das gesamte System auslesen und eine Fernwartung durchführen.[86]

---

[86] AISIN Enersys: Regelmodule Wassersystem. Unter:
http://www.aisin.de/gaswarmepumpe/produktangebot/regelmodule-wassersystem.
[02.09.2011]

7. Installationsart Indirektes Expansionssystem

Ausrüstung mit Steuerungs- und Regelungstechnik

Das Hydraulikmodul wird so angeliefert, dass eine sofortige Betriebsbereitschaft gegeben ist. Im Inneren der SKVP ist ein rücklaufgeführtes Thermostatventil verbaut, welches die Regelung im System übernimmt. Für die Verkaufsstätte ist die Kommunikation über Bus- Kabel zwischen GMWP und Hydraulikmodul vorgesehen, bei der die Pumpen bei Bedarf angesteuert werden und eine Umschaltung zwischen Heiz- und Kühlsystem über Dreiwegeventile erfolgt. Das System kann somit ohne DDC- Regelung auskommen.[87]

7.6 Vor- und Nachteile des Indirekten Expansionssystems

Vorteile sind, dass geheizt, gekühlt und entfeuchtet werden kann. Der Erzeuger und die Übergabestation können nachträglich in ein vorhandenes System integriert werden. Sehr große Anlagen können realisiert werden, in dem Kaskaden der GMWP und Übertragerstationen gebildet werden. Das Trägermedium Wasser mit Antifrogen ist nicht gesundheitsschädlich und es wird nur eine geringere Menge an Kältemittel im System benötigt. Bequeme Regelung der Raumluft, über Fernbedienungen.

Nachteilig ist der Einsatz von Wasser als Trägermedium ohne Frostschutz, weil die Gefahr des Einfrierens besteht. Große Leitungsquerschnitte erschweren den nachträglichen Systemeinbau. Erhöht Energieverluste durch zusätzliche Wärmeübertragung von dem Kältemittel auf das Wasser.[88]

---

[87] AISIN: Technisches Handbuch für AISIN GMWP der D-Serie. S.107-112
[88] AISIN, Berndt EnerSys: Heizen u. Kühlen mit der GMWP, Vor- u. Nachteile. S.14

7. Installationsart Indirektes Expansionssystem

7.7 Blockschaltbild eines Indirekten Expansionssystems

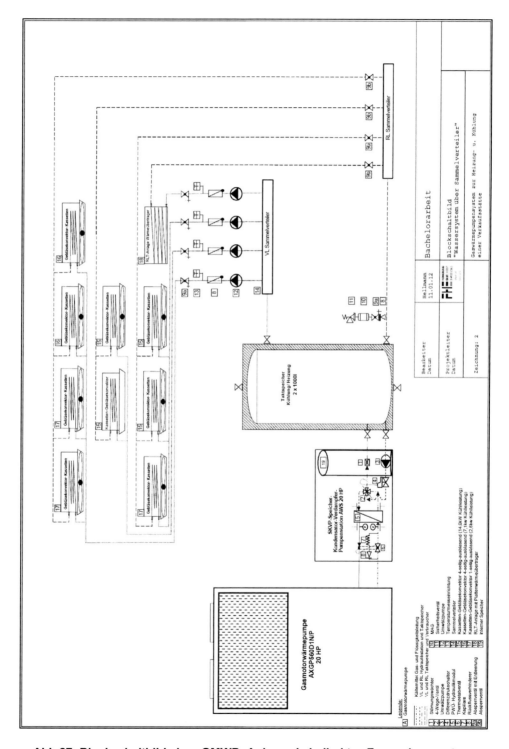

Abb.27: Blockschaltbild einer GMWP- Anlage als Indirektes Expansionssystem

8. Eingangsbereiche von Verkaufsstätten

Die Eingänge sind die Verbindungen zwischen Innen- und Außenbereich. Unangenehme Temperaturen und Strömungen verschlechtern den Komfort der Besucher und des Personals. Zusätzlich wird der Energieverbrauch wesentlich beeinflusst.[89]

Einflussfaktoren

- → Möglichen Luftströmungen und ein Luftaustausch entstehen durch:
- → Temperaturunterschiede zwischen Innen- und Außenbereich
- → Windeinfall
- → Lüftungsanlagen, welche mit Über- oder Unterdruck betrieben werden
- → durch Verknüpfung dieser Varianten

Des Weiteren könnte der Öffnungs- und Schließmechanismus der automatischen Tür angepasst werden. Der Standort für den Eingangsbereich sollte geschützt vor der Witterung platziert sein. Bei Dichtheit der Gebäudehülle können Zugerscheinungen vermieden werden. Die richtige Eingangsgeometrie vermindert Zugerscheinungen und einen erhöhten Energieverlust, nicht höher und breiter als nötig.

---

[89] Schälin, Alois (1998):Gebäudeeingänge mit großem Publikumsverkehr. Unter: http://www.bfe.admin.ch/php/modules/publikationen/stream.php?extlang=de&name=de_284 114320.pdf. [26.07.2011], S.5-8

8. Eingangsbereiche von Verkaufsstätten

8.1 Klimatrennung durch Abschirmung

Es ist möglich diese Einflüsse durch spezielle Abschirmungen zu minimieren und so eine Klimatrennung zu erzielen.

An dem Eingangsbereich sind folgende Lösungen möglich:

- ➔ Tür ohne weiteren Schutz
- ➔ Drehtür
- ➔ Schleuse
- ➔ Schleuse mit zwei Türen, mit oder ohne Luftvorhang
- ➔ Eingangstür mit Luftvorhang
- ➔ Schleuse mit zwei Türen und einem Luftvorhang

8.1.1 Geschwindigkeits-, Volumenstrom- und Energieverlustberechnung bei einem offenen Eingang[90]

Diese Berechnungen können unter folgenden Voraussetzungen angewendet werden:

Unter der Annahme, dass die Tür vollständig geöffnet ist, dabei kann die kalte Außenluft ungehindert in den Raum einströmen und die erwärmte Luft entweicht in den Außenbereich. Zusätzlich muss sichergestellt sein, dass die Lüftungsanlage die gleiche Luftmenge zuführt und auch absaugt. Es dürfen keine Leckagen in der Gebäudehülle vorhanden sein.

---

[90] Schälin, Alois (1998):Gebäudeeingänge mit großem Publikumsverkehr. Unter: http://www.bfe.admin.ch/php/modules/publikationen/stream.php?extlang=de&name=de_284 114320.pdf. [26.07.2011], S.10-17

8. Eingangsbereiche von Verkaufsstätten

Gegeben: H = 2,2m

  B = 1,5m

  ΔT_T = 12K (Sommer)/ 32K (Winter)

Gesucht: u_{max}

  $\dot{V}_T$

  $Q_{Verl,h}$

Die maximale Zuggeschwindigkeit, die in der Tür erreicht werden kann, wird mit folgender Formel berechnet.

$$u_{max} = 0,6\sqrt{20 \cdot \left(\frac{H}{2}\right) \cdot \frac{\Delta T_T}{273}} \qquad \left[\frac{m}{s}\right] \qquad \text{Gl.52}$$

$$u_{max} = 0,6\sqrt{20 \cdot \left(\frac{2,2}{2}\right) \cdot \frac{(293-(-261))}{273}} = \underline{\underline{0,963\frac{m}{s}}}$$

Es konnte eine Luftgeschwindigkeit im Türbereich von 0,963m/s ermittelt werden.

Der Volumenstrom kann durch einsetzen der Türhöhe, Türbreite und der Temperaturdifferenz berechnet werden.

$$\dot{V}_T = 0,2\sqrt{\frac{10}{273} \cdot B \cdot H^{1,5} \cdot \Delta T_T^{0,5}} \qquad \left[\frac{m^3}{h}\right] \qquad \text{Gl.53}$$

$$\dot{V}_T = 0,2\sqrt{\frac{10}{273} \cdot 1,5 \cdot 2,2^{1,5} \cdot (293+(-261))^{0,5}} = \underline{\underline{0,123\frac{m^3}{h}}}$$

Damit ergibt sich ein im Türbereich wirkender Luftvolumenstrom von 0,123m³/h.

8. Eingangsbereiche von Verkaufsstätten

Der Energieverlust durch einen offenen Eingang kann mit guter Näherung wie folgt berechnet werden:

$$Q_{Verl,h} = 230\sqrt{\frac{10}{273}} \cdot B \cdot H^{1,5} \cdot \Delta T^{1,5} \qquad [Wh] \qquad Gl.54$$

Für die Winterzeit wird die Außentemperatur für Kassel von -12 °C, nach der DIN EN 12831, angenommen.

$$Q_{Verl,h} = 230\sqrt{\frac{10}{273K}} \cdot 1,5m \cdot 2,2m^{1,5} \cdot (293 + (-261))^{1,5}K = 7464,75Wh = \underline{\underline{7,46kWh}}$$

Unter der Annahme, dass täglich 250 Personen pro Tag in die Verkaufsstätte hinein- und hinaus gehen, die Türöffnungszeit 4 s pro Person beträgt, ergibt sich ein Energieverlust von 4,2kWh pro Tag und somit bei 320 Tagen innerhalb eines Jahres ein Verlust von 1344kWh auf.

Entgegen strömt in der heißen Sommerzeit gekühlte Raumluft in den Außenbereich. Es kann ein Energieverlust, unter der Annahme einer Außentemperatur von 32°C, nach VDI 2078, wie folgt ermittelt werden.

$$Q_{Verl,h} = 230\sqrt{\frac{10}{273K}} \cdot 1,5m \cdot 2,2m^{1,5} \cdot (305 + (-293))^{1,5}K = 8956,6Wh = \underline{\underline{8,95kWh}}$$

Wenn in der heißen Sommerzeit 250 Personen pro Tag den Verkaufsmarkt besuchen und anschließend verlassen, die Öffnungszeit der Eingangstür 4 s beträgt, tritt ein Energieverlust von 4,98kWh pro Tag und bei einer jährlichen Öffnungszeit von 320 Tagen ein Verlust von 1593,6kWh auf.

8. Eingangsbereiche von Verkaufsstätten

8.2 Auswahl einer geeigneten Abschirmvariante

In einer Verkaufsstätte ist der Eingangsbereich durch Publikumsverkehr hochfrequentiert. Durch ständiges Öffnen und Schließen der Eingangstür entsteht ein unerwünschter Luftaustausch. Dieser ist mit einem zusätzlichen Energieverbrauch verbunden. Da der benötige Platz für eine zusätzliche Schleuse nicht vorhanden ist, kann diese Variante nicht realisiert werden. Drehtüren werden wegen Ihrer Trägheit in Verkaufsstätten nicht eingesetzt. Ein Luftvorhang ist optimal für den Eingangsbereich, da er platzsparend ist und sich optimal in die Eingangskonstruktion einfügen lässt. Um Energiekosten für entweichende bzw. eindringende aufgeheizte Raumluft einzusparen, wird eine Torluftschleieranlage zur Anwendung kommen.

8.2.1 Torluftschleieranlage

Funktion der Torluftsschleieranlage

Grundsätzlich muss eine Vermischung von Raumluft und Außenluft reduziert werden. Wie in der Abb. 29 ersichtlich ist, wird in der Jahreszeit Winter, zunächst Raumluft mit einer Temperatur von 20°C in das Gerät eingezogen. In der Luftschleieranlage findet dann eine zusätzliche Erhitzung der Raumluft statt. Die im Gerät verbauten Ventilatoren drücken die fertig aufbereitete Raumluft, in Form einer Abschirmwalze, vor dem Tor nach unten. Somit wird verhindert, dass im unteren Bereich die kalte Außenluft in den Innenraum einströmt und die aufgeheizte Raumluft, durch den oberen Teil, in den Außenbereich gelangt. In der warmen Sommerzeit wird eine zusätzliche Aufheizung der Raumluft unnötig. Ein Temperatursensor im Außenbereich schaltet den Erhitzer ab. In der Konsequenz kann Energie eingespart werden. Die gekühlte Luft wird so direkt als Abschirmwalze eingesetzt.

8. Eingangsbereiche von Verkaufsstätten

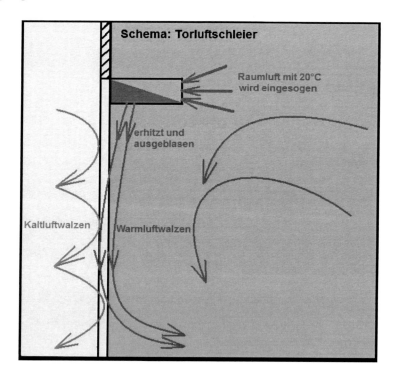

Abb.28: Funktion der Torluftschleieranlage[91]

Bemessung und Auswahl der Torluftschleieranlage

Nach der Anfrage bei dem Unternehmen TTL Tür + Torluftschleier Lufttechnische Geräte GmbH, wurde der Produktkatalog und die Planungshilfe zur Verfügung gestellt. In der Planungshilfe ist ein Fragebogen als Berechnungsgrundlage zu nutzen. Ein passendes Gerät wird über das Diagramm ausgewählt.

---

[91] TTL Luftschleier: Planungsunterlage Torluftschleieranlagen

8. Eingangsbereiche von Verkaufsstätten

Mit dieser Berechnungsformel wird die bewertete Raumgröße ermittelt. Die ausführliche Auswahl der Faktoren befindet sich im Anhang C.

$$BRG = RF \cdot F1 \cdot F2 \cdot F3 \cdot F4 \cdot F5 \cdot F6 \qquad \left[m^2\right] \qquad Gl.55$$

$$BRG = 823{,}68 m^2 \cdot 1{,}0 \cdot 1{,}3 \cdot 1{,}0 \cdot 1{,}3 \cdot 1{,}0 \cdot 1{,}0 = \underline{\underline{1392{,}02 m^2}}$$

Durch Multiplikation der einzelnen Faktoren mit der tatsächlichen Verkaufsraumfläche von 823,68m², ergibt sich als Ergebnis die Bewertete Raumgröße von 1392,02m². Dieser Wert muss im Auswahldiagramm an der senkrechten Achse gekennzeichnet werden. Das genaue Vorgehen wird im Anhang B, im Auswahldiagramm, in der Farbe Rot nummeriert, aufgezeigt.

Unter der Annahme einer Türbreite von 2,5m, fällt somit die Auswahl auf die Luftschleieranlage Orbis 10/15, Standard- Einbau (STE). Die Typenbezeichnung lautet ORB 250 E-10. Spezifische Produktdaten sind im Anhang C enthalten. Der Luftvorhang wird elektrisch betrieben und hat 3 verstellbare Heizleistungsstufen. Für die elektronische Steuerung wird die Fernbedienung UBT 3E, ein elektronischer Türkontakt und ein Raumthermostat gewählt.

9. Wirtschaftlichkeitsbetrachtung

Der Rechengang Wirtschaftlichkeitsbetrachtung bedeutet, dass eine Vergleichsuntersuchung zwischen unterschiedlichen Investitionen vorgenommen wird, bei der die benutzerfreundlichste Variante zu wählen ist. Dabei wird unterschieden zwischen statischen und dynamischen Verfahren.

Bei dem statischen Verfahren werden Zeitunterschiede von Eingaben und Ausgaben nicht betrachtet, sie dienen einem Vergleich. Der Moment der sehr kurzen Betrachtung wird auf die gesamte Nutzungszeit übertragen. Dabei sind die Varianten Rentabilität-, Gewinn-, Kosten- und Amortisationsmethode möglich.

In einem dynamischen Verfahren werden Zeitunterschiede zwischen den Einzahlungen und Auszahlungen integriert. Das Verfahren ist diffizil, aufbauend für die Berechnung ist für die Nutzungszeit der geplante Zahlungsstrom. Dafür wird eine Abzinsung der Zahlungsreihen, für einen betrachteten definierten Zeitraum, mit einem nutzbaren Zinssatz vollzogen. Die Parameter Nutzungszeitraum und Zahlung müssen bekannt und abgeklärt sein. Es wird nach folgenden Varianten unterschieden: Kapital-, Barwert- und Annuitätsmethode.[92]

Anwendung eines geeigneten Verfahrens

In der Wirtschaftlichkeitsberechnung ist das System Direktexpansion mit dem Wassersystem und einer alternativen Anlage, bestehend aus einem Gas- Brennwertkessel und einem elektr. angetriebenen Kaltwassererzeuger, zu vergleichen. Dabei wird jedes System, mit deren Bestandteilen betrachtet, einschließlich der RLT- Anlage, da Außenluft durch die zu vergleichenden Anlagen temperiert wird.

---

[92] Prof. Dr.-Ing. Mischner, Jens: Wirtschaftlichkeitsbetrachtung. eigene Mitschriften

9. Wirtschaftlichkeitsbetrachtung

Zur Anwendung kommt das dynamische Verfahren der Annuitätsmethode nach der VDI 2067 Blatt 1, Wirtschaftlichkeit gebäudetechnischer Anlagen.

Bei der Annuitätsmethode werden einmalige und laufende Zahlungen oder Investitionen über den Annuitätsfaktor a und dem Betrachtungszeitraum T komprimiert. Dabei sollte die kürzeste Lebensdauer und die größte Investition des Systems als geeigneter Zeitraum der Fokussierung angenommen werden, gegebenenfalls sind der Restwerte zu bestimmen. Des Weiteren sind Ersatzbeschaffungen, bedingt durch Systemausfälle in der Nutzungszeit, einzuarbeiten. Schwankungen von Zinsen sind in der Methode nicht berücksichtigt.

Das Ziel ist den Investitionsbetrag bei Beginn der Phase, in zyklisch gleichbleibende Zahlungen zu wandeln.

9.1 Wirtschaftlichkeitsvergleich nach VDI 2067 zwischen der Variante Direktexpansionssystem, Wassersystem und einem Alternativsystem

Ermittlung der Heiz- und Kühlstunden pro Jahr

Um eine Aussage über die Betriebsstunden eines Jahres für die Beheizung und Kühlung zu treffen, wurden Wetterdaten für den Standort Kassel herangezogen. Die Messergebnisse sind in dem Excel- Arbeitsblatt Wetterdaten_Kassel.xls hinterlegt. Dabei wurden für den Zeitraum eines Tages stündlich Temperaturmessungen betrachtet, die sich über eine gesamt Zeitspanne von einem Jahr erstrecken.

9. Wirtschaftlichkeitsbetrachtung

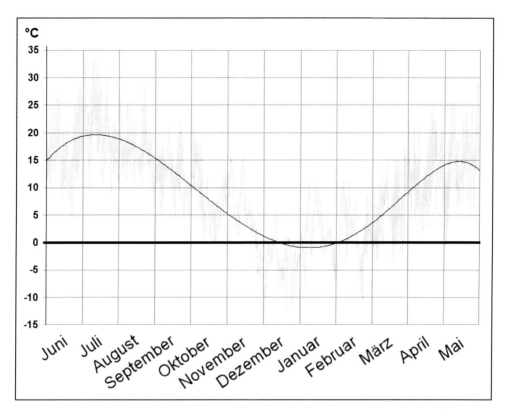

Abb.29: Jahrgangslinie des Temperaturverlaufes für den Bereich Kassel

In Abb.29 ist der Temperaturverlauf eines Jahres, unter Zuhilfenahme der Wetterdaten von Kassel, aus dem Zeitraum vom 01.06.2010 bis zum 31.05.2011 dargestellt. In den Temperaturverlauf wurde die Trendline Polynomisch der 6. Reihe eingesetzt.

Somit konnten die Stunden innerhalb eines Jahres ermittelt werden, die zur Beheizung des Objekts, bei einer Temperatur unterhalb von 15°C nötig sind. Für die Kühlung wurden die Stunden bei einer Überschreitung von 25°C erfasst. In der Tab.16 ist eine Übersicht der Heiz- und Kühlzeiten.

Heizen <15°C	Dazu wurde die Funktion ZählenWenn, über Excel, verwendet.
[h/a]	Bei der Beheizung wurde der Bereich auf das gesamte Jahr,
6399	bezogen auf die Stunden in denen die Temperatur <15°C war, ermittelt.
Kühlen >25	Dazu wurde die Funktion ZählenWenn, über Excel, verwendet.
[h/a]	Bei der Beheizung wurde der Bereich auf das gesamte Jahr,
244	bezogen auf die Stunden in denen die Temperatur >25°C war, ermittelt.

Tab.16: Heiz- und Kühlstunden pro Jahr für Kassel

9. Wirtschaftlichkeitsbetrachtung

Damit ergeben sich die Stunden zur Beheizung $T_{H,a}$ von 6399h/a und von 244h/a zur Kühlung.

Analysierung der Investitionskosten

Die Investitionskosten wurden in dem Excel- Arbeitsblatt Systemkostenermittlung.xls zusammen gefasst. Dabei sind sämtliche Bestandteile des Systems aufgeführt und mit dem Brutto- und Nettopreis versehen. In der Tab.3 ist die Übersicht

Anlagenteil	Nettopreis [€]	Bruttopreis [€]
Direktexpansionssystem	94997,79	113047,37
Wassersystem	125234,68	149029,26
Alternativsystem	97287,66	115772,32

Tab.17: Zusammenfassung der Anlagen- Brutto- und Nettopreise

Die Investitionskosten setzen sich zusammen aus den Bestandteilen des Systems und den dazu geleisteten Montagestunden. Die Montagestunden ergeben sich aus dem Differenzbetrag zwischen Brutto- und Nettobetrag der zu installierenden Bestandteile.

9. Wirtschaftlichkeitsbetrachtung

Förderung von GMWP-Anlagen

Basis- und Bonusförderung[93]

Die Basis- und Bonusförderung wird von dem Bundesamt für Wirtschaft- und Ausfuhrkontrolle geregelt. Sie sieht für Gasbetriebene Luft/ Wasser Wärmepumpen, mit einer Jahresarbeitszahl von >1,3 eine Bezuschussung vor. Sie ist gegliedert nach der Erzeugernennwärmeleistung.

→1- <10kW   pauschal 2400€

→10- 20kW   2400€ + (120€*(Nennwärmeleistung-10))

→20- 100kW   2400€ + (100€*(Nennwärmeleistung-10))

Mineralölsteuerrückerstattung

Die Mineralölsteuer für Erdgas wird vom Hauptzollamt gegenüber dem Versorger eingefordert. Es besteht die Möglichkeit des Anlagenbetreibers, eine Mineralölsteuerrückerstattung zu beantragen. Die Gründe dafür sind der Einsatz eines umweltschonenden fossilen Brennstoffes, der hohe Anteil an genutzter Umweltenergie, das Entfallen von Umwandlungsverlusten und die hohe Erzeugereffizienz. Die Rückerstattung beträgt 0,55€/kWh. Dafür ist ein Nachweis des Jahresnutzungsgrades des Verbrennungsmotors von über 70% für die GMWP zu erbringen, dazu dient die folgende Berechnung: [94]

---

[93] BAFA: Basis- u. Bonusförderung Wärmepumpe, Stand: 15.03.2011
[94] AISIN Enersys: Steuerliche Einstufung von Gasklimageräten. S.1-30

9. Wirtschaftlichkeitsbetrachtung

$$\eta = h_F \cdot \frac{B_h \cdot (P_{mech} \cdot \eta_V + P_{th}) \cdot \dfrac{E_{Erdgas}}{B_h \cdot P_{Ges}}}{E_{Erdgas} + P_{el} \cdot B_h \cdot \dfrac{E_{Erdgas}}{B_h \cdot P_{Ges}}} \cdot 100\% \qquad [\%] \qquad \text{Gl.56}$$

Die Daten für die Gl.56 zur Berechnung des Jahresnutzungsgrades können wie folgt ermittelt werden:

Der Jahresnutzungsgrad η ist in Prozent an zugegeben. Die Betriebsstunden B_h sind vom Zähler der GMWP und der Erdgasverbrauch E_{Erdgas} vom Gaszähler (auf unteren Heizwert bezogen) abzulesen. Die Leistungen P_{el}, p_{mech} und P_{Gas} sind bei Volllast aus der Herstellerunterlage zu entnehmen. Der Wirkungsgrad n_V der Verdichter ist beim Hersteller zu erfragen. Der Heizfaktor h_r wird in der VDI 2067 für den Bereich Deutschland mit 0,855 angegeben.

Für die Befreiung ist der Antrag, gem. § 3 Abs. 3 Satz 1 Nr. 1- 5 MinöStg, dem Hauptzollamt zu senden.[95]

Bei Systemen die mit einem Gasmotor betriebenen werden, ist die Nutzungsdauer nach der VDI 2067 auf 15 Jahre festgelegt, da deren Komponenten thermisch und mechanisch stark beansprucht werden. Für die Alternativanlage wird die identische Nutzungsdauer angenommen.

Die Beispielrechnung der Variante Direktexpansionssystem soll das Vorgehen der Berechnungsschritte aufzeigen. Für die Berechnungen wurden die max. Leistungen der Erzeuger verwendet.

---

[95] Mineralölsteuergesetz gem. § 3 Abs. 3 Satz 1 Nr. 1- 5

9. Wirtschaftlichkeitsbetrachtung

Ermittlung der Wirtschaftlichkeit für das Beispiel „Direktexpansion"

1. Ermittlung der kapitalgebundenen Auszahlungen

Dazu gehören Investitions- und Instandsetzungskosten. Die detaillierte Berechnung und Auflistung des Anlagenbedarfes ist der Excel- Tab. System-Kostenermittlung.xls zu entnehmen.

Gegeben:

$A_{0,Brutto}$=113047,37€	$A_{0,Netto}$=94997,79€
f_K=3%	
T_N=15a	T=15a
q=10%	r=3%
n=0	R_W=0

Annuitätsfaktor:

$$a = q^T \cdot \frac{q-1}{\left(q^T - 1\right)} \qquad [-] \qquad \text{Gl.57}$$

$$a = 1{,}1^{15} \cdot \frac{1{,}1-1}{\left(\left(1{,}1^{15}\right)-1\right)} = \underline{\underline{0{,}1315}}$$

Der berechnete Annuitätsfaktor beträgt 0,1315.

Preisdynamischer Annuitätsfaktor:

$$ba_{IN} = \left(\frac{1-\left(\frac{r}{q}\right)^T}{q-r}\right) \cdot a \qquad [-] \qquad \text{Gl.58}$$

9. Wirtschaftlichkeitsbetrachtung

$$ba_{IN} = \left(\frac{\left(1-\left(\frac{1,03}{1,1}\right)^{15}\right)}{1,1-1,03} \right) \cdot 0,1315 = \underline{\underline{1,178}}$$

Der ermittelte Preisdynamische Annuitätsfaktor für Instandsetzung ergibt den Wert von 1,178.

Ersatzinvestitionen:

Für diesen Teil der kapitalgebundenen Annuität werden die Ersatzbeschaffung, die Wartung (1,5%) und die Instandhaltung (3%) integriert.

$$A_n = \frac{A_{0,Brutto} \cdot r}{100\%} + \frac{A_{0,Brutto} \cdot r}{100\%} \qquad [€] \qquad \text{Gl.59}$$

$A_n = 0€$ → Da keine Ersatzinvestition vorgesehen ist.

Annuität der kapitalgebundenen Zahlungen:

$$A_{N,K} = \left(A_{0,Brutto} + A_n\right) \cdot a + \left(\frac{f_K}{100}\right) \cdot A_{0,Brutto} \cdot ba_{IN} \qquad [€] \qquad \text{Gl.60}$$

$$A_{N,K} = (113047,37€ + 0€) \cdot 0,1315 + \left(\frac{3\%}{100\%}\right) \cdot 113047,37€ \cdot 1,178 = \underline{\underline{18860,82€}}$$

2. Berechnung der Bedarfs- und Verbrauchs bezogenen Auszahlungen

Die bedarfs- und verbrauchsgebundene Annuität setzt sich aus den Energie- und Betriebsstoffpreisen, den Anlagelaufzeiten und den dazugehörigen Faktoren zusammen. Der jährliche Preisänderungsfaktor r_V wurde berechnet, durch Bildung des arithmetischen Mittels der Preisindizes, unter Zuhilfenahme der Gas- u. Elektropreise aus den Jahren 1995- 2010 (15 Jahre) des Bundesamtes für Wirtschaft und Technologie, zusammengefasst in der Excel- Mappe Wirtschaftlichkeitsbetrachtung.xls.

9. Wirtschaftlichkeitsbetrachtung

Zunächst werden dafür die Gas- und Elektroverbräuche des Direktexpansionssystems pro Jahr ermittelt, in Gl.61. Durch Multiplikation mit den Energiepreisen ergeben sich die Energiekosten pro Jahr nach Gl.62.

$$W = P \cdot t \qquad \left[\frac{kWh}{a}\right] \qquad \text{Gl.61}$$

$$Preis = W \cdot \frac{\text{€}}{kWh} \qquad [\text{€}] \qquad \text{Gl.62}$$

elektrische Energieverbräuche pro Jahr:

→für die Gasmotorwärmepumpe

Die Aufnahmeleistung der GMWP wurde dem Technischen Handbuch AISIN entnommen.

Heizen: $\quad W_{GHP,HP20} = 1{,}29 kW \cdot 6399 \frac{h}{a} = 8254{,}71 \frac{kWh}{a}$

Kühlen: $\quad W_{GHP,HP20} = 1{,}23 kW \cdot 244 \frac{h}{a} = 300{,}12 \frac{kwh}{a}$

→für die Inneneinheiten

Die Leistungsaufnahme der Inneneinheiten konnte unter Zuhilfenahme des Technischen Handbuches AISIN ermittelt werden.

AXFP140M→ Heizen: $W_{GHP,I} = 0{,}215 kW \cdot 6399 \frac{h}{a} = 1375{,}79 \frac{kWh}{a}$

Kühlen: $W_{GHP,I} = 0{,}23 kW \cdot 244 \frac{h}{a} = 56{,}12 \frac{kWh}{a}$

AXFP71M→ Heizen: $W_{GHP,I} = 0{,}101 kW \cdot 6399 \frac{h}{a} = 646{,}3 \frac{kWh}{a}$

9. Wirtschaftlichkeitsbetrachtung

$$\text{Kühlen: } W_{GHP,I} = 0{,}118\,kW \cdot 244\,\frac{h}{a} = \underline{\underline{28{,}792\,\frac{kWh}{a}}}$$

AXAP28M→ $\quad$ Heizen: $\quad W_{GHP,I} = 0{,}027\,kW \cdot 6399\,\frac{h}{a} = \underline{\underline{172{,}77\,\frac{kWh}{a}}}$

$$\text{Kühlen: } W_{GHP,I} = 0{,}022\,kW \cdot 244\,\frac{h}{a} = \underline{\underline{5{,}37\,\frac{kWh}{a}}}$$

→für das RLT- Gerät

Das RLT- Gerät muss einen konstanten Volumenstrom, aufgrund des Außenluftanteils, erbringen. Dafür wurde die Annahme getroffen, dass die Ventilatoren an 6 Tagen der Woche, zu 12h/d eingeschalten sind. Zusätzlich wird die Verkaufsstätte an ca. 5 Feiertagen im Jahr geschlossen bleiben. Die Klemmleistung der Lüfter beträgt 2 x 2,2kW.

$$W_{RLT,Lüfter} = \frac{312d}{a} \cdot \frac{12h}{d} \cdot (2 \cdot 2{,}2\,kW) = 3744\,\frac{h}{a} \cdot (2 \cdot 2{,}2\,kW) = \underline{\underline{16473{,}6\,kW}}$$

Gasverbrauch pro Jahr:

Die Brennstoffwerte sind aus dem Technischen Handbuch von AISIN entnommen.

→Gasmotorwärme: $\quad$ Heizen: $\quad W_{GHP,G} = 39{,}8\,kW \cdot 6399\,\frac{h}{a} = \underline{\underline{254680{,}2\,\frac{kWh}{a}}}$

$\quad\quad\quad\quad\quad\quad\quad\quad$ Kühlen: $\quad W_{GHP,G} = 39{,}6\,kW \cdot 244\,\frac{h}{a} = \underline{\underline{9662{,}4\,\frac{kWh}{a}}}$

Verbrauchszusammenfassung der Gas- und Elektroenergiekosten

Der aktuelle Gaspreis für das Gewerbe, der Stadtwerke Kassel, liegt bei 0,0572€/kWh und setzt sich aus dem Arbeits- und Grundpreis zusammen. Durch Summierung der Heiz- bzw. der Kühlleistungen pro Jahr, multipliziert mit dem Gaspreis und dem Faktor 1,1, erhält man den Gaspreis pro Jahr.

Brennstoffkosten = Betriebsstunden · Gaspreis · Energieumrechnungsfaktor

9. Wirtschaftlichkeitsbetrachtung

$$= \left(254680,2\frac{kWh}{a} + 9662,4\frac{kWh}{a}\right) \cdot 0,0572\frac{€}{kWh} \cdot 1,1 = \underline{\underline{16632,44\frac{€}{a}}}$$

Für diesen Gasbedarf wären 16632,44€/a zu entrichten.

Für den Bereich der Stadtwerke Kassel ergab sich ein Strompreis, für gewerbliche Nutzer, von 0,21€/kWh. Im Preis ist der Arbeits- und der Grundpreis enthalten. Die Summe der Betriebsstunden, multipliziert mit dem Energiepreis ergeben die Brennstoffkosten pro Jahr.

$$= \left(27313,57\frac{kWh}{a}\right) \cdot 0,21\frac{€}{kWh} = \underline{\underline{5735,85\frac{€}{a}}}$$

Es entstehen Stromkosten von 5735,85€/a.

Gegeben:

a=0,1315	r_V=3%
	arith. Mittel der Preisindizes für Strom und Gas aus 15a (1995-2010), in der Excel- Mappe Wirtschaftlichkeitsbetrachtung berechnet[96]

Gesucht:

$A_{N,V}$	A_{V1}
ba_V	

---

[96] Bundesamt für Wirtschaft und Technologie: Preisindizes, Erdgas und Strom (1995-2010)

9. Wirtschaftlichkeitsbetrachtung

Die Energiekosten im ersten Jahr werden wie Folgt berechnet:

$$A_{V1} = \dot{Q}_{Energie} \cdot Preis_{Energie}$$
$$= 16632,44 \frac{€}{a} + 5735,85 \frac{€}{a} = \underline{\underline{22368,29 \frac{€}{a}}}$$

Es ergibt sich ein somit ein Betrag von 22368,29€/a.

Die bedarfs- u. verbrauchsgebundenen Kosten sind unter Zuhilfenahme des preisdynamischen Annuitätfaktors zu ermitteln, der nach Gl.58 berechnet wird.

$$ba_V = \left(\frac{\left(1 - \left(\frac{1,03}{1,1}\right)^{15}\right)}{1,1 - 1,03} \right) \cdot 0,1315 = \underline{\underline{1,178}}$$

$$A_{N,V} = ba_V \cdot A_{V1} \qquad [€] \qquad\qquad Gl.63$$

$$A_{N,V} = 1,178 \cdot 22368,29€ = \underline{\underline{26349,85€}}$$

Die bedarfs- und verbrauchsgebundene Annuität beträgt 26349,85€.

3. Berechnung der betriebsgebundenen Auszahlungen

Die betriebsgebundene Annuität setzt sich im Wesentlichen aus den Kriterien Wartung, Inspektion, Instandsetzung, den darin enthaltenen Lohkosten und den damit verbundenen Erhöhungen zusammen.

9. Wirtschaftlichkeitsbetrachtung

Gegeben:

A_{B1}=14249,67€	r_B=8%
a=0,1315	

Gesucht:

$A_{N,B}$	ba_B

Der Preisdynamische Annuitätsfaktor wird nach Gl.58 ermittelt.

$$ba_B = \left(\frac{1 - \left(\frac{1,08}{1,1} \right)^{15}}{1,1 - 1,08} \right) \cdot 0,1315 = \underline{\underline{1,581}}$$

Der preisdynamische Annuitätsfaktor beträgt 1,581.

Die Berechnung der betriebsgebundenen Annuität erfolgt nach der Gl.64.

$$A_{N,B} = A_{B1} \cdot ba_B \qquad [€] \qquad \text{Gl.64}$$

$$A_{N,B} = 14249,67€ \cdot 1,581 = \underline{\underline{22538€}}$$

Die berechnete betriebsgebundenen Kosten betragen 22538€.

4. Berechnung der Annuität der Sonstigen Auszahlungen

Sonstige Annuitäten setzen sich aus Verlusten und Gewinnen zusammen. Als Verluste sind Versicherungen, Steuern, allgemeine Abgaben und Kosten für die Verwaltung anzusehen. Gewinne sind Rückerstattungen, Vergütungen und Förderungen.

9. Wirtschaftlichkeitsbetrachtung

Gegeben:

A_{S1}=11399,73€	a=0,1315
r_S=2,5%	

Gesucht:

$A_{N,S}$	ba_S

Preisdynamischer Änderungsfaktor der sonstigen Auszahlungen:

Wird nach Gl.58 berechnet.

$$ba_S = \left(\frac{1-\left(\frac{1,025}{1,08}\right)^{15}}{1,08-1,025} \right) \cdot 0,1315 = \underline{\underline{1,299}}$$

Berechnung der sonstigen Auszahlungen:

Durch Rückerstattung der Mineralölsteuer von 0,55€/kWh, ist ein Gesamtgewinn von 8813,46€ der Auszahlung A_{S1} abzuziehen.

$$A_{N,S} = A_{S1} \cdot ba_S = (11399,73€ - 8813,46€) \cdot 1,299 = \underline{\underline{3359,69€}}$$

9. Wirtschaftlichkeitsbetrachtung

5. Ermittlung der Einzahlungen im Jahr

Die Einzahlungen sind Gewinne entgegengesetzt der Auszahlungen. Eine Möglichkeit wäre der Verkauf von produzierter Energie. Nach der VDI 2067 können diese Projekt- oder Betreiber spezifisch, wie die zuvor Ermittelten Auszahlungen entstehen. Dabei könnte wie unter den zuvor genannten Punkten 1. kapitalgebundene Auszahlungen - 4. Sonstige Auszahlungen vorgegangen werden.

Gegeben:

a=0,1315	ba_E=1,299
r_E=2,5%	

Gesucht:

$A_{N,E}$	E_1

$$A_{N,E} = E_1 \cdot ba_E \qquad [€] \qquad\qquad Gl.65$$

$$A_{N,E} = 0 \cdot ba_E = 0$$

In diesem Fall ist keine bestehende Anlage vorhanden, somit ergibt sich eine Einzahlung von 0€.

9. Wirtschaftlichkeitsbetrachtung

6. Ermittlung der Gesamtannuität der Auszahlungen im Jahr

Sie wird aus der Differenz der Ein- und Auszahlung gebildet und kann sowohl positiv als auch negativ sein. Die Unterscheidung erfolgt zwischen zwei Fällen:

1. Bei Erzielung eines Gewinns, durch den Verkauf von Energie, muss die Gesamtannuität >0 sein, damit das System wirtschaftlich ist. Es sollte dann das System mit der höchsten Annuität gewählt werden.

2. Wenn keine Gewinne generiert werden, ist die Gesamtannuität <0, dann sollte sich für das System, welches die geringsten Auszahlungen verursacht, entschieden werden.

Gegeben:

$A_{N,K}$=16902,88€	$A_{N,V}$=26343,02
$A_{N,B}$=22538,44	$A_{N,S}$=3359,69
$A_{N,E}$=0	

Gesucht:

A_N

Die Gesamtannuität wird mit der Gl.66 ermittelt und die zuvor berechneten Annuitäten eingesetzt.

$$A_N = A_{N,E} - \left(A_{N,K} + A_{N,V} + A_{N,B} + A_{N,S}\right) \quad [€] \qquad \text{Gl.66}$$

$$A_N = 0 - (16906,33€ + 26349,85€ + 22538€ + 3359,69€) = \underline{\underline{-69144,03€}}$$

Die Gesamtannuität beträgt demnach -69426,54€.

9. Wirtschaftlichkeitsbetrachtung

9.2 Ergebnisse der Wirtschaftlichkeitsbetrachtung

Die Anlagenvarianten Wasser- und Alternativsystem wurden genau nach der zuvor berechneten Variante Direktexpansionssystem abgehandelt. Eine Zusammenstellung der Ergebnisse ist in der Tab.18 zu betrachten.

Systemvergleich								
Kostenarten/ Faktoren	Größen	Einheit	Direktexpansion		Wassersystem		Alternativsystem mit Kaltwassererzeuger + Gas-Brennwertgerät	
			Heizen	Kühlen	Heizen	Kühlen	Heizen	Kühlen
Investitionskosten (Netto)	$A_{0,Brutto}$	[€]	113047,37		149029,26		115772,32	
Investitionskosten (Brutto)	$A_{0,Netto}$	[€]	94997,79		125234,68		97287,66	
Medianwert	f_K	[-]	1,03		1,03		1,03	
Abschreibungszeit	T_N	[n]	15		15		15	
Nutzungszeit	T	[n]	15		15		15	
Zinsatz	q	[-]	1,1		1,1		1,1	
Preisänderungsfaktor	r_V	[-]	1,03		1,03		1,03	
Preisänderungsfaktor	r_B	[-]	1,08		1,08		1,08	
Preisänderungsfaktor	r_E	[-]	1,025		1,025		1,025	
Berechnung der kapitalgebundenen Annuität								
Annuitätsfaktor	a	[-]	0,1315		0,1315		0,1315	
Preisdynamischer Annuitätsfaktor	ba_{IN}	[-]	1,178		1,178		1,178	
Ersatzinvestitionen	A_n	[€]	0,00		0,00		0,00	
Annuität	$A_{N,K}$	[€]	18856,82		24858,77		19311,36	
Berechnung der bedarfs- u. verbrauchsgebundenen Annuität								
Annuität getrennt	A_{V1}	[€]	19949	2420	27035	2681	29604,2	3029,9
Annuität gesamt	A_{V1}	[€]	22368,29		29716,05		32634,05	
preisdynamischer Annuitätsfaktor	ba_V	[-]	1,18		1,18		1,18	
Annuität getrennt	$A_{N,V}$	[€]	23493	2850	31839	3158	34865	3568
Annuität gesamt	$A_{N,V}$	[€]	26343,02		34996,44		38432,96	
Berechnung der betriebsgebundenen Annuität								
Annuität	A_{B1}	[€]	14249,67		18785,20		14593,15	
preisdynamischer Annuitätsfaktor	ba_B	[-]	1,582		1,582		1,582	
Annuität	$A_{N,B}$	[€]	22538,44		29712,21		23081,72	
Berechnung der Annuitäten der sonstigen Kosten								
Gewinne bafa- Basisförderung		[€]	-8813,463001		-12551,53		-80	
sonstige Kosten pro Jahr	A_{S1}	[€]	11399,73		15028,16		11674,52	
preisdynamischer	ba_S	[-]	1,299		1,299		1,299	
Annuität	$A_{N,S}$	[€]	3359,69		3217,26		15061,83	
Berechnung der Jahresgesamtannuitäten								
preisdynamischer Annuitätsfaktor	ba_E	[-]	1,145		1,145		1,145	
Annuität der Erlöse	$A_{N,E}$	[€]	0		0		0	
Gesamtannuität	$A_{N,E}$	[€/a]	71097,97		92784,68		95887,86	
Life-Cycle-Costs in €	LCC	[€]	1066469,62		1391770,22		1438317,97	

Tab.18: Wirtschaftlichkeitsvergleich zwischen Direktexpansion-, Wasser- u. Alternativsystem

9. Wirtschaftlichkeitsbetrachtung

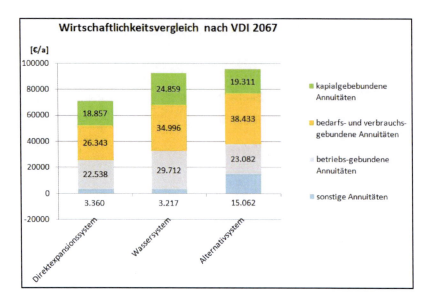

Abb.30: Wirtschaftlichkeitsvergleich der drei Systeme nach VDI 2067

Der direkte Vergleich zeigt deutlich, dass das Direktexpansionssystem die geringsten Kosten im Jahr verursacht. Als wesentliche Gründe dafür kann der geringe Ausrüstungsbedarf, die direkte Energieübertragung und die staatliche Förderung gegenüber den anderen zu vergleichenden Systemen angesehen werden. Das Wassersystem verzeichnet zum Alternativsystem eine geringere Jahresannuität und ist dem Alternativsystem vorzuziehen.

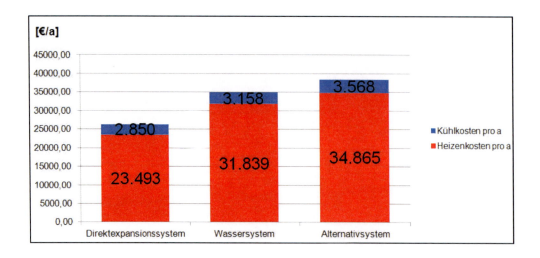

Abb.31: Gegenüberstellung der Wärme- und Kühlgestehungskosten pro Jahr

9. Wirtschaftlichkeitsbetrachtung

Die im Diagramm gegenüber gestellten Gestehungskosten zeigen deutlich, wie gering die Kühlungskosten im Vergleich zu den Kosten für die Beheizung sind.

Für die Anlagenvarianten wurden die Life- Cycle- Costs ermittelt. Diese Kosten sind die Lebenszykluskosten, welche innerhalb von 15 Jahren, der Nutzungs- und Abschreibungszeit entstehen werden.

9.3 Sensibilitätsanalyse zur Wirtschaftlichkeit der Systemvarianten

Durch Simulation von einzelnen Parametern der Varianten soll untersucht werden, ob sich das Gesamtverhalten der Wirtschaftlichkeit wesentlich verändert. Dabei wird die zuvor ermittelte Wirtschaftlichkeit nach der VDI 2067, im Excel- Arbeitsblatt Wirtschaftlichkeitsbetrachtung.xls genutzt. Es werden einzelne Parameter des Arbeitsblattes verändert und die Gesamtannuität betrachtet.

Bei einem Wegfall der Mineralölsteuerrückzahlung verschlechtert sich die Gesamtannuität pro Jahr des Direktverdampfungssystems, es bleibt trotz alledem die Wirtschaftlichste Variante. Das Wassersystem verschlechtert sich gegenüber dem Alternativ- System und wird unrentabel.

Wenn der Prozentsatz für Wartung (1,5%) und Instandhaltung (3%) der beiden GMWP- Systeme um 3% ansteigt, ist keine signifikante Veränderung ersichtlich.

Falls der Energiepreis des Erdgases von 0,0572€/kWh auf 0,12€/kWh ansteigt bleibt die Konstellation der Gesamtannuität unverändert. Das Alternativsystem kann sich nicht wesentlich verbessern, da der Brennwertkessel auf Erdgas angewiesen ist.

Abschließend ist feststellbar, durch Veränderung der Parameter, dass die geringste Gesamtannuität des Direktexpansionssystems erhalten bleibt. Das Wassersystem kann durch Veränderung realistischer Parameter, seine Gesamtannuität gegenüber dem Alternativsystem wesentlich verschlechtern und wird unattraktiv.

9. Wirtschaftlichkeitsbetrachtung

9.4 Ökologische und Ökonomische Auswahlaspekte einer Nutzenergie erzeugenden Anlage

Die Auswahl einer Anlage nach ökologischen Aspekten ist sehr wichtig, da Rohstoffe und fossile Brennstoffe endlich sind. Ein weiterer Fokus ist durch den Ausstoß von Abgasen entsteht eine Schädigung der Umwelt. Das Ziel sollte der Einsatz von effizienten Systemen sein, welche sich durch eine niedrige Umweltbelastung und einem geringen Verbrauch auszeichnen. Nur so kann ein nachhaltiger Einsatz von fossilen Brennstoffen erfolgen. Durch den verstärkten Ausstoß von Treibhausgasen, kommt es zudem zu einer Beschleunigung des Klimawandels.

Daher ist Ausstoß des Treibhausgases CO_2 so gering wie nur möglich zu halten. Bei den drei verschieden Anlagen wurde überprüft wie viel CO_2/a freigesetzt wird. Dafür wurden die Umwelt- Primärenergiefaktoren herangezogen[97]. Diese erlauben es den CO_2- Ausstoß zu berechnen. Benötigt wird die dem Verbraucher zugeführte Endenergie, multipliziert mit dem jeweiligen Äquivalenten- Emissionsfaktors, des eingesetzten Energieträgers. Für die Betrachtung wurde der Äquivalente- Emissionsfaktor für Erdgas mit 232 g_{CO_2}/kWh_{End} und für Strom mit 689 g_{CO_2}/kWh_{End} verwendet. Die Berechnung ist in dem Excel- Arbeitsblatt CO_2-Ausstoß.xls aufgeführt und das Ergebnis ist in der Abb.32 dargestellt.

---

[97] FH Braunschweig: Kennwerte- Umweltfaktoren. S.1-4

9. Wirtschaftlichkeitsbetrachtung

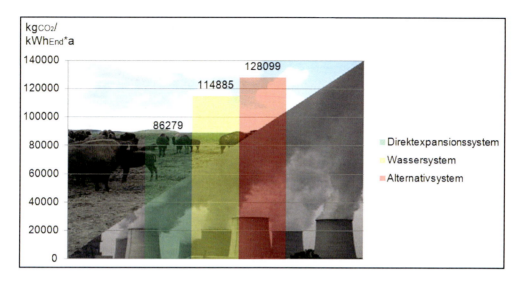

Abb.32: Vergleich des CO_2-Ausstoßes der drei betrachteten Anlagen[98]

Der Abb.32 ist zu entnehmen, dass das Direktexpansionssystem einen CO_2- Ausstoß von 86279 $kg_{CO2}/kWh_{End}*a$ verursacht und somit die geringste Schademission der drei Systeme erzeugt. Den höchsten Ausstoß des Treibhausgases CO_2 verursacht das Alternativsystem mit 128099 $kg_{CO2}/kWh_{End}*a$, das ist gegenüber dem Direktverdampfungssystem eine Steigerung von ca. 48%.

---

[98] Eigene Erstellung (Eigene Aufarbeitung: Glaescher, Jörg: Greenpeace, das Bild Kohle-Kraftwerk)

10. Zusammenfassung

Zur Abhandlung der angefertigten Arbeit war eine gründliche Literaturrecherche erforderlich.

Es wurden zunächst Grundlagen der Kältetechnik in der Arbeit niedergeschrieben. Danach erfolgte die Überprüfung der vorgegebenen Heizlast nach der DIN EN 12833. Dabei kam der Autor zu einem übereinstimmenden Ergebnis. Die Kühllast wurde dem Autor zur Verfügung gestellt und konnte mangels Informationen nicht überprüft werden. In dem nächsten Schritt wurde die Gasmotorwärmepumpe beschrieben, deren Funktion aufgezeigt und für den Heiz- und Kühlmodus Berechnungen angestellt. Die Auswahl der GMWP erfolgte über die Kühlleistung und variiert zwischen den zu konzipierenden Systemen. Aufgrund des einzubringenden Außenluftanteils wurde ein RLT- Gerät für die Verkaufsstäte ausgewählt. Dazu gehört ein zu konzipierendes Luftkanalnetz, welches die Aufgaben heizen, kühlen und entfeuchten übernimmt, um den Besuchern optimale Bedingungen zu ermöglichen. Dieses Luftkanalnetz ist in die Zwischendecke zu installieren, die örtlichen Begebenheiten sind dafür geeignet. Die Positionierung des RLT- Gerätes erfolgte primär nach dem Brandschutz und sekundär nach einer möglichst geringen Geräuschbelästigung der Besucher. Für das RLT- Gerät wurde ein passender rekuperativer PWT ausgewählt, der der Abluft Energie entzieht oder sogar rücküberträgt, je nach Bedarf. Da die Außenluft beheizt und gekühlt werden muss, ist ein WÜ zu platzieren. Eine Überprüfung des Kondensatausfalls und die zu erwartende Menge wurde kallkuliert. Es wurden Inneneinheiten ausgewählt, die an Decken und Wänden positioniert wurden. Die Inneneinheiten der Räume mussten in einem annehmbaren Abstand, um eine Bypass- Strömung zu verhindern, platziert werden. Bei dem Direktexpansionssystem wurden mögliche Installationsvarianten überprüft und letztendlich die Verteilung über Y- Verteiler gewählt, da diese realisierbar ist. Bei dem Indirekten Expansionssystem muss die Verteilung über Verteilerbalken erfolgen. Zusätzlich muss eine Mindestlaufzeit der GMWP realisiert werden, welche mit der Verschaltung von zwei Pufferspeichern, zur Beheizung und zur Kühlung, ermöglicht wird. Des Weiteren wurden Umwälzpumpen und ein Membran- Ausdehnungsgefäß ausgelegt. Die Verkaufsstätte hat einen hochfrequentierten Eingangsbereich, welcher durch eine geeignete Abschirmvariante ausgestattet werden muss. Dafür findet ein Torluftschleier, mit einer in den Raum abgegebenen Raumluftwalze Verwendung. Durch die Wirtschaftlichkeitsbetrachtung nach der VDI 2067 wurden die

10. Zusammenfassung

Systemvarianten Direktexpansions-, Indirektes Expansions- und Alternativsystem miteinander verglichen. In einem eindeutigen Ergebnis dominierte das Direktexpansionssystem, darauf das Indirekte Expansionssystem und als unvorteilhaft erwies sich das Alternativsystem. Ein weiterer Aspekt war die Umweltfreundlichkeit des Systems, bei dem der Ausstoß von CO_2 pro Jahr ermittelt wurde. In Betracht gezogen wurden die Gasverbrennung und der elektrische Strom, welcher in Kraftwerken erzeugt wird. Auch hier erwies sich das Expansionssystem, gefolgt von dem Indirekten Expansionssystem als umweltfreundlicher zu dem Alternativsystem. Zusätzlich ist anzumerken, dass der Primärenergieverbrauch geringer gegenüber dem Alternativsystem ist. Der sinnvolle Umgang mit fossilen Brennstoffen ist nötig, da diese endlich sind. Als Vorteilhaft anzusehen ist der geringe fossile Brennstoffbedarf der GMWP- Systeme, durch Nutzung der Umweltenergie. Das mit Sole gefüllte Indirekte Verdampfungssystem könnte bei einer nachträglichen Installation, mit dem vorhandenem Rohrsystem kostengünstig installiert werden.

Speziell in dieser Verkaufsstätte, ist ein Direktexpansionssystem die kostenschonendste und nicht zu vernachlässigen, die umweltfreundlichste Variante. Dazu kommt ein relativ geringer Installationsbedarf. Die gewählte Variante ist im Anhang A, in Zeichnungsform (Format A3), beigefügt.

Anlagenverzeichnis

Literaturverzeichnis

[1] Dipl.-Ing. Ihle, Claus/ Prechtel, Franz: *Schriftenreihe: Der Heizungsingenieur, Klimatechnik mit Kältetechnik*, 4.Auflage 2006, Werner Verlag

[2] Dipl.-Ing. Ihle, Claus: *Der Heizungsingenieur, Die Pumpenwarmwasserheizung, Band 2, Teil B, Projektierung, Hydraulische Schaltungen, Trinkwassererwärmung, Erneuerbare Energien, Spezielle Heizungssysteme*, Werner Verlag

[3] Recknagel/ Sprenger/ Schramek: *Der Recknagel, Taschenbuch für Heizung + Klimatechnik*, 74.Auflage, Auflage 09/ 10, Oldenbourg Industrieverlag

[4] Kober, Raymond: *Energieeffiziente Gebäudeklimatisierung, Raumluft in A++ Qualität*, 1.Auflage 2009, Promotor Verlag, Karlsruhe

[5] Pech, Anton/ Jens, Klaus: *Lüftung und Sanitär, Baukonstruktion, Band 16*, Springer Wien New York

[6] Breidert, Hans- Joachaim/ Schnitthelm, Dietmar: *Formeln, Tabellen und Diagramme für die Kälteanlagentechnik*, 4. überarbeitete und erweiterte Auflage, C.F. Müller Verlag, Heidelberg

[7] Günther/ Miller/ Patzel/ Richter/ Wagner: *Anlagenmechanik für Sanitär-, Heizungs- und Klimatechnik, Tabellen*, 4. Auflage, 2007, westermann

[8] Zierhut, Herbert: *Sanitär, Heizung, Klima, Technische Mathematik*, 3. Auflage, 2010, Bildungsverlag EINS

[9] Prof. Dr.-Ing. Dehli, Martin: *Marktaussichten für Gasmotor- Wärmepumpen zur Wärmeversorgung sowie zur Teilklimatisierung*

[10] Wuppertal Institut: *MINI-Technologiefolgenabschätzung Gas-Wärmepumpe*

[11] HWTK Leipzig: *Abschlussbericht, GHP-Gaswärmepumpen Versuchsanlage Hohenweiden*

[12] ASUE: *GMWP zum Heizen u. Kühlen, Erfahrungen aus dem ersten Feldversuch*

[13] AISIN, EnerSys: *Technisches Handbuch für AISIN Gaswärmepumpen der D-Serie und VRF- Innengeräte*

[14] Heinz Veith: *Grundkurs aus der Kältetechnik, Kältemittel*

Anlagenverzeichnis

[15] Dr.-Ing. Dipl.-Ing Arndt, Ulrich: *Luft-Kältemittel-Anlagen mit Gasmotor-Antrieb*

[16] BDEW: *Broschüre Heizen-Kühlen-Klimatisieren mit Gas*

[17] Kältetechnik Rauschenbach GmbH: *GMWP Informationsmaterial*

[18] http://www. honeywell-cooling.com

[19] http://www.rauschenbach.de

[20] Programm Solkane 7.0.0, R410A

[21] Bollin, Elmar/ Becker Martin: *Automation regenerativer Wärme- u. Kälteversorgung von Gebäuden*

[22] Weiler, Christoph: *Pilotprojekt Gasklimageräte im Europapark Rust, Produktion Energie*

[23] Verwaltungsvorschrift zum Bundes- Immissionsschutzgesetz: Technische Anleitung zum Schutz gegen Lärm

[24] http://www.td.mw.tum.de: Fakultät für Maschinenwesen, *Energieoptimierung für Gebäude*

[25] https://www.badenova.de: Abschlussbericht Badenova AG & Co. Kg

[26] Ing. Hofer, Gerhard/ MSc Hauser GmbH: Optimarkt-Energieverbrauch und Treibhauspotenzial von Supermärkten

[27] http://www.bau-sv.de, Dipl.-Wirtsch.-Ing. H. Pfeifer/ Dipl.-Wirtsch.-Ing. (FH), Vogel: *Gesundes Raumklima*

[28] http://www.bau-sv.de, Bedeutung und Messung des Raumklimas

[29] Prof.Dr.Ing. Hahn, H.: *Klimatechnik Skript, Luftdurchlässe*

[30] Richtlinie über brandschutztechnische Anforderungen an Lüftungsanlagen

[31] DIN EN 15251: *Eingangsparameter für das Raumklima zur Auslegung und Bewertung der Energieeffizienz von Gebäuden, Schall*

[32] https://www.waermetechnik.com.com

[33] https://www.Aisin.de

[34] http://www.ventilator.de

[35] http://www.Hoval.de

[36] http://www.climatec-friedberg.de

Anlagenverzeichnis

[37] http://www.subag-tech.ch

[38] http://www.kaut.de

[39] http://www.stulz.de, STULZ GmbH A/C and Humidification Systems: *Technisches Handbuch, Expansionsventil- Kit, R410A*

[40] http://www.gaswärmepumpe.at, Grabener, Wolfgang GmbH: *Gaswärmepumpe*

[41] Prof.Dr.-Ing. Stanzel, B.: Heizungs- und Feuerungstechnik: Kap. 5-3

[42] http://www.wilo.de

[43] Hellmann, S.: Mitschriften im Lehrgebiet Rohleitungs- u. Apparatetechnik, *Dimensionierung eines Ausdehnugsgefäßes*, Sem.4

[44] http://www.bfe.admin.ch, Schälin, Alois (1998):*Gebäudeeingänge mit großem Publikumsverkehr*

[45] http://www.ttl-win.de

[46] Hellmann, S.: Mitschriften im Lehrgebiet *Wirtschaftlichkeitsbetrachtung*

[47] BAFA: Basis- u. Bonusförderung Wärmepumpe

[48] Mineralölsteuergesetz gem. § 3 Abs. 3 Satz 1 Nr. 1- 5

[49] Bundesamt für Wirtschaft und Technologie: *Preisindizes, Erdgas und Strom (1995-2010)*

[50] FH Braunschweig: *Kennwerte- Umweltfaktoren*

[51] Glaescher, Jörg: Greenpeace, das Bild Kohle- Kraftwerk

Anlagenverzeichnis

Anhang A: Zeichnungen

- Skizzenhafte Darstellung der zu konzipierenden Lüftungsanlage
- AutoCAD Zeichnungen
- Blockschaltbild- Alternativsystem mit Gas- Brennwertkessel u. Kaltwassererzeuger

Anhang B: Diagramme, Tabellen, Berechnungen

- Heizlastformblatt G1-G2-G3-V
- Einteilung von Klimaanlagen und Klimageräten
- Stoffwerte und Diagramme
- Berechnung eines Ausdehnungsgefäßes
- Zustandsänderung im hx- Diagramm für die RLT- Zentrale
- Direktexpansionssystem- Klimakassetten und Kältemittel

Anhang C: Herstellerunterlagen, Datenblätter

- Direktexpansionssystem- GMWP- Gerätedaten
- Direktexpansionssystem- Kältemittel und Bus- Kabel
- Indirektes Expansionssystem- Technische Spezifikation Yoshi Hydraulikmodul
- Indirektes Expansionssystem- Wasserkassetten
- Indirektes Expansionssystem- Heizungsverteiler und Pumpen
- Indirektes Expansionssystem- Zubehör
- Alternativsystem- Datenblätter der Erzeuger
- Alternativsystem- Wasserkassetten und Regelung
- RLT- Gerät mit Luftführungs- und Brandschutzkomponenten
- Abschirmung- TTL Torluftschleier

Anhang A: Zeichnungen

Skizzenhafte Darstellung des zu konzipierenden Lüftungssystem:

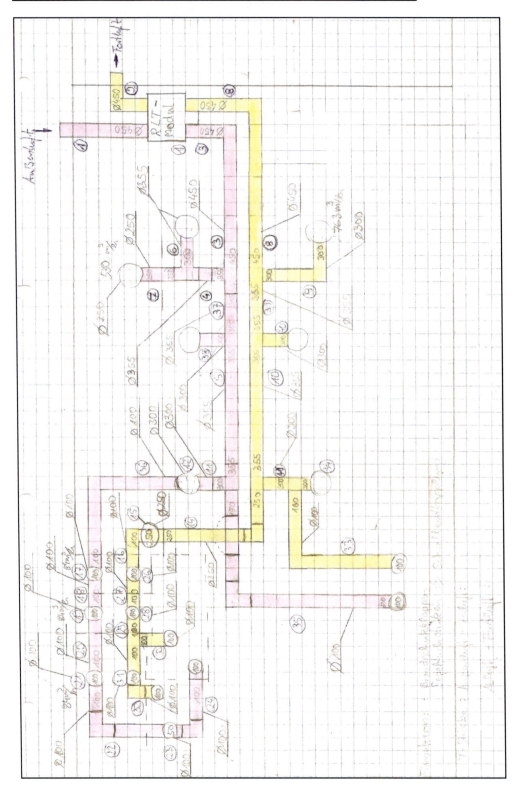

Anhang A: Zeichnungen

GMWP- System mit RLT- Gerät aus der 45° Perspektive:

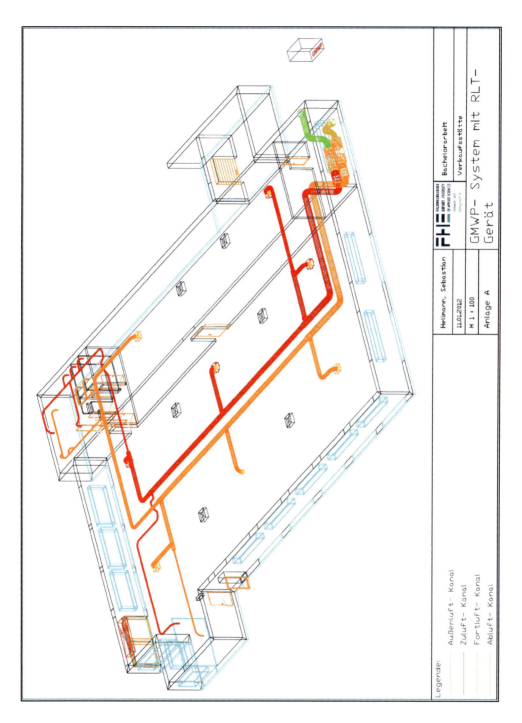

In der AutoCAD- Zeichnung ist das GMWP- System mit den positionierten Kassetten und dem RLT- Gerät aufgeführt.

Anhang A: Zeichnungen

Blockschaltbild- Alternativsystem mit Gas- Brennwertkessel u. Kaltwassererzeuger:

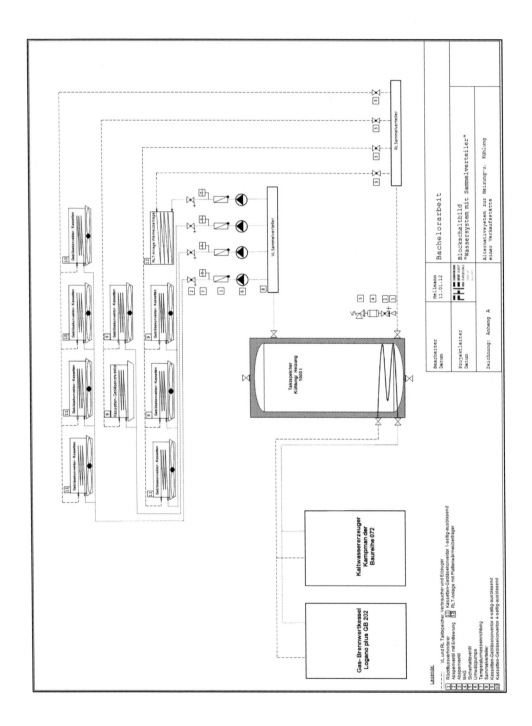

Anhang B: Heizlast- Formblatt

Formblatt G1

Formblatt G1 - ausführliches Verfahren — DIN EN 12831

Projekt-Nr. / Bezeichnung:

Gebäudedaten — Datum 10.01.2012 — Seite G1

Kenngrößen

Gebäudetyp
- [ ] Einfamilienhaus
- [x] Mehrfamilienhaus, Nicht-Wohngebäude

Gebäudelage
- [ ] gute Abschirmung
- [x] moderate Abschirmung
- [ ] keine Abschirmung

Gebäudemassen / Speicherfähigkeit
- [x] leicht — C_{wirk} 0,45 Wh/m²K
- [ ] mittelschwer — Optionale Angabe
- [ ] schwer — aus DIN V 4108-6

Luftdichtheit der Gebäudehülle
- [ ] sehr dicht
- [ ] dicht
- [x] wenig dicht

Temperaturen

Norm-Außentemperatur θ_e = -12 °C
Jahresmittel $\theta_{m,e}$ = 9 °C

Innentemperaturen nach:
- [ ] Norm
- [x] Vereinbarung siehe Formblatt V

Geometrie

Breite b_{Geo} = 30,31 m
Länge l_{Geo} = 48,51 m
Grundfläche A_{Geo} = 1470,10 m²
Geschossanzahl n = 1
Gebäudehöhe h_{Geo} = 8,54 m

Erdreich

- [x] global
- [ ] raumweise

Tiefe der Bodenplatte z = 0,00 m
Erdreich berührter Umfang P = 157,64 m
Parameter B' = 18,65 m

Grundwassertiefe zur Fundamentplatte:
- [x] ≥ 3 m GW = 1,00
- [ ] < 3 m GW = 1,15

Faktor period. f_{gl} = 1,45

Lüftung

Luftdurchlässigkeitswert aus Gebäudetyp und Luftdichtheit der Gebäudehülle n_{50} = 1 h⁻¹
Gleichzeitig wirksamer Lüftungswärmeanteil ζ_V = 0,00
Wirkungsgrad des Wärmerückgewinnungssystem (Herstellerangaben) η_V = 0,00

Zusatz-Aufheizleistung

Berechnung
- [x] keine Berechnung
- [ ] raumweise
- [ ] global

Beheiztes Volumen $V_{N,Geo}$ ____ m³
Wärmeverlustkoeffizient $\Sigma_{H T,e}$ ____ W/K

Absenkphase
Absenkdauer t_{AB} ____ h
Luftwechsel n_{AB} ____ h⁻¹

Temperaturabfall
- [ ] Angenommen $\Delta\theta_{RH}$ ____ K

Aufheizphase
Wiederaufheizzeit t_{RH} ____ h
Luftwechsel n_{RH} ____ h⁻¹
Wiederaufheizfaktor f_{RH} ____ W/m²

Formblatt G2

Formblatt G2 - ausführliches Verfahren — DIN EN 12831

Projekt-Nr. / Bezeichnung: 1./ Verkaufsstätte

Vereinbarungen — Datum 10.01.2012 — Seite G2

Sortierung nach: [x] Geschoss [ ] Wohneinheit

Raum-Nr. / -Name	$\Phi_{T,e}$	Φ_T	$\Phi_{V,min}$	$\Phi_{V,inf}$	$\Phi_{V,su}$	$\Phi_{V,mint}$	$\Phi_{HL,Netto}$	Φ_{RH}	Φ_{HL}
1.1/ Verkaufsraum	20939,00	21081,00	0,00	11426,00	11431,00	4202,00	48140,00	-	48140,00
1.2/ Lagerraum-Pfand	831,73	832,00	0,00	241,00	160,00	0,00	1232,00	-	1232,00
1.3/ Hauptlagerraum	7994,69	7797,00	0,00	4178,00	2758,00	1024,00	15784,00	-	15784,00
1.4/ WC-Herren	176,10	229,00	0,00	57,00	50,00	18,00	354,00	-	354,00
1.5/ WC-Damen	181,52	235,00	0,00	51,00	51,00	19,00	357,00	-	357,00
1.6/ Aufenthaltsraum	768,99	820,00	0,00	295,00	268,00	2,00	1384,00	-	1384,00
1.7/ Technikraum	339,17	339,00	0,00	117,00	78,00	29,00	562,00	-	562,00
1.8/ Büroraum	210,45	254,00	0,00	0,00	116,00	43,00	413,00	-	413,00
1.9/ Flur	119,03	-140,00	0,00	0,00	0,00	-30,00	-169,00	-	-169,00

Erklärungen der Kürzel:

$\Phi_{T,e}$ ... Transmissionswärmeverlust nach außen in W
Φ_T ... Transmissionswärmeverlust des Raumes in W
$\Phi_{V,min}$ ... Mindest-Lüftungswärmeverluste in W
$\Phi_{V,inf}$ ... Lüftungswärmeverluste durch Infiltration in W
$\Phi_{V,su}$ ... Lüftungswärmeverluste durch Zuluftstrom in W
$\Phi_{V,mint}$ ... Norm-Lüftungswärmeverlust in W
$\Phi_{HL,Netto}$ ... Netto-Heizlast in W
Φ_{RH} ... Zusatz-Aufheizleistung in W
Φ_{HL} ... Norm-Heizlast in W

Anhang B: Heizlast- Formblatt

Formblatt G3

Formblatt G3 - ausführliches Verfahren DIN EN 12831

Projekt-Nr. / Bezeichnung			
Gebäudedaten	Datum	10.01.2012	Seite G3

Wärmeverlust-Koeffizienten			W / K
Transmissionswärmeverlust-Koeffizient	$\Sigma_{HT,e}$		933,17
Lüftungswärmeverlust-Koeffizient	Σ_{HV}		1078,33
Gebäude-Wärmeverlust-Koeffizient	H_{Geb}		2011,50

Wärmeverluste			W
Transmissionswärmeverluste (nach außen)	$\Phi_{T,Geb}$		31561,10
Mindest-Luftwechsel	$\Phi_{V,min,Geb}$		-
natürliche Infiltration	$\Phi_{V,inf,Geb} = \zeta \times \Sigma\Phi_{V,inf}$		8182,00
mech. Zuluftvolumenstrom	$\Phi_{V,su,Geb} = (1-\eta_V) \times \Sigma\Phi_{V,su}$		14938,00
Abluftvolumenüberschuss	$\Phi_{V,mech,inf,Geb}$		5307,00
Lüftungswärmeverluste	$\Phi_{V,Geb}$		28427,00

Gebäudeheizlast			W
Netto-Heizlast	$\Phi_{N,Geb}$		59988,00
Zusatz-Heizleistung	$\Phi_{RH,Geb}$		
Norm-Gebäudeheizlast	$\Phi_{HL,Geb}$		59988,00

Spezifische Werte			
Netto-Heizlast / beh. Gebäudefläche	$\Phi_{N,Geb} / A_{N,Geb}$	1193,20 m²	50,28 W/m²
Netto-Heizlast / beh. Gebäudevolumen	$\Phi_{N,Geb} / V_{N,Geb}$	3579,60 m³	16,76 W/m³
wärmeübertragende Umfassungsfläche	A	3164,60 m²	
Spezifischer Transmissionswärmeverlust	H_T		0,29 W/m²K

Formblatt V

Formblatt V - ausführliches Verfahren DIN EN 12831

Projekt-Nr. / Bezeichnung		1./ Verkaufsstätte	
Vereinbarungen	Datum	10.01.2012	Seite V

Sortierung nach [x] Geschoss [ ] Wohneinheit

GS / WE	Raum-Nr. / -Name	Innentemperatur °C	Luftwechselrate h^{-1}	Wiederaufheizzeit h
1.	1./ Verkaufsraum	20	1	-
1.	1.2/ Lagerraum- Pfand	20	1	-
1.	1.3/ Hauptlagerraum	20	1	-
1.	1.4/ WC- Herren	20	0,5	-
1.	1.5/ WC- Damen	20	0,5	-
1.	1.6/ Aufenthaltsraum	20	1	-
1.	1.7/ Technikraum	20	0,5	-
1.	1.8/ Büroraum	20	0,5	-
1.	1.9/ Flur	20	0,5	-

Festgelegt am: 10.01.2012

Anhang B: Einteilung von Klimaanlagen und Klimageräten

Abb.34: Einteilung von Klimaanlagen und Klimageräten

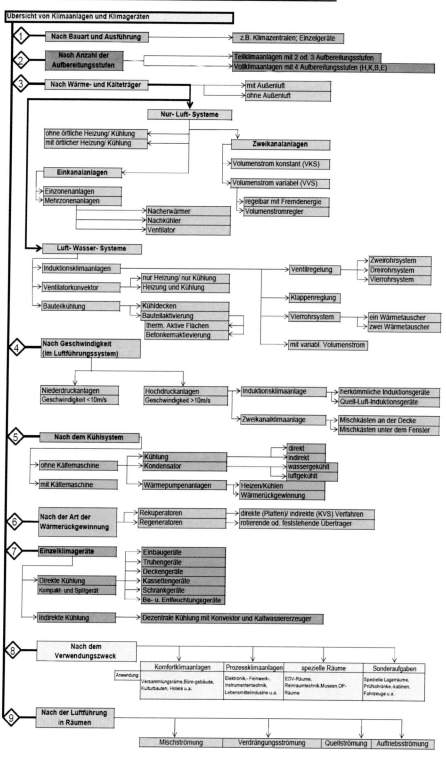

Eigene Aufarbeitung: Autor: Ihle, Klimatechnik mit Kältetechnik, 4. Auflage, S.72, 3.5 Einteilung von Klimaanlagen und Klimageräte

Anhang B: Stoffwerte und Diagramme

Dichte des Wasser- Antifrogen- Gemisches

Frost-schutz °C	Konzen-tration Vol.%	Tempe-ratur °C	Dichte g/cm³	Wärmeleit-fähigkeit W/m*K	spezifische Wärme kJ/kg K	dynam. Viskosität mPa*s	kinemat. Viskosität mm²/s	Prandtl-Zahl	relativer Druck-verlust	rel. Wärme übergangs-zahl
		60.0	1.021	0.494	3.81	0.95	0.93	7	0.94	0.900
		80.0	1.009	0.501	3.85	0.65	0.65	5	0.85	1.070
-20	34	-20.0	1.068	0.459	3.56	15.24	14.27	118	1.95	0.240
		-10.0	1.064	0.460	3.58	8.64	8.12	67	1.68	0.310
		0.0	1.060	0.461	3.60	5.38	5.07	42	1.49	0.380
		10.0	1.055	0.462	3.62	3.63	3.44	28	1.35	0.460
		20.0	1.050	0.464	3.64	2.62	2.50	21	1.24	0.540
		40.0	1.040	0.466	3.69	1.60	1.54	13	1.08	0.680
		60.0	1.028	0.470	3.73	1.10	1.07	9	0.98	0.810
		80.0	1.016	0.473	3.77	0.77	0.76	6	0.89	0.950
-25	39	-25.0	1.079	0.446	3.44	25.39	23.53	196	2.23	0.180
		-20.0	1.077	0.446	3.45	18.23	16.93	141	2.05	0.210

1,028 kg/m³

Rohrreibungsdruckgefälle bei Cu- Rohr

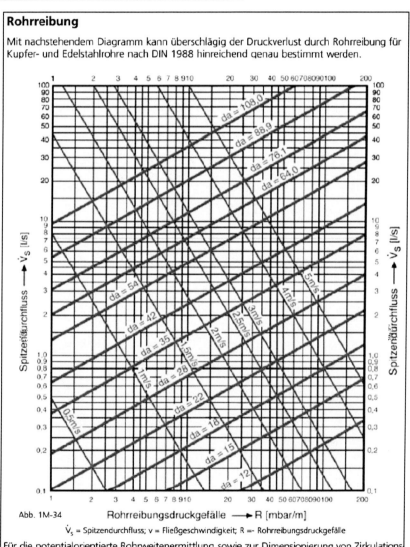

Abb. 1M-34 Rohrreibungsdruckgefälle → R [mbar/m]

$\dot{V}_s$ = Spitzendurchfluss; v = Fließgeschwindigkeit; R =- Rohrreibungsdruckgefälle

Für die potentialorientierte Rohrweitenermittlung sowie zur Dimensionierung von Zirkulationsleitungen nach DVGW-Arbeitsblatt W 553 empfehlen wir die Planungssoftware »ViegaCAD«.

Anhang B: Ermittlung der Ausdehnungsgefäßgröße

Berechnung eines Ausdehnungsgefäßes[99] [100]

Das Anlagenvolumen V_A wurde zuvor berechnet und beträgt 2459l.

$$V_e = V_A \cdot \frac{e}{100} \qquad \left[\frac{m^3}{dm}\right] \qquad \text{Gl.42}$$

In der Tabelle 431.1 ist die Ausdehnung e in %, für ein 34% Wasser- Frostschutzmittel- Gemisch, abzulesen sein. Da keine passende Temperatur gegeben ist, muss das arithmetische Mittel der Vor- und Rücklauftemperatur herangezogen werden. Diese wird berechnet nach Gl.43 und ergibt eine Temperatur von 44°C.

$$t_m = \frac{t_{VL} - t_{RL}}{2} \qquad [°C] \qquad \text{Gl.43}$$

$$t_m = \frac{(47-41)K}{2} = \underline{\underline{44\,°C}}$$

Die ermittelte Temperatur t_m wird für die Ausdehnung e in % benötigt. Durch einsetzen in die Interpolation

$$\frac{44-40}{x-1,65} = \frac{50-40}{2,07-1,65}$$

$$x = \frac{(44-40)\cdot(2,07-1,65)}{(50-40)} + 1,65 = \underline{\underline{1,818}}$$

---

[99] Mitschriften Sebastian Hellmann: Rohleitungs- u. Apparatetechnik. Dimensionierung eines Ausdehnungsgefäßes. Sem.4
[100] Richter, Günther, Wagner, Miller, Patzel: Anlagenmechanik…., Tabellen. S.431-433

Anhang B: Ermittlung der Ausdehnungsgefäßgröße

und umstellen nach x erhält man den Wert e von 1,818%.

$$V_e = 2459 dm^3 \cdot \frac{1,818\%}{100\%} = \underline{\underline{44,70 dm^3}}$$

Eingesetzt in Gl.42 ergibt sich ein Ausdehnungsvolumen V_e von 44,70dm³.

Im nächsten Schritt ist der Vordruck p_0, der einzustellende Gasdruck, zu berechnen.

$$p_{st} \cong \frac{H \cdot bar}{10m} \qquad [bar] \qquad Gl.44$$

In Gl.44 ist die Höhe H, vom Ausdehnungsgefäß bis zum höchsten Punkt der Anlage, einzusetzen. So lässt sich überschlägig ein statischer p_{st} Druck von 0,2bar Wassersäule berechnen.

$$p_{st} \cong \frac{2m \cdot bar}{10m} \cong 0,2 bar$$

Mit dem Wert p_{st} erhält man durch Einsetzen in die Gl.45 den Vordruck p_0. Der Dampfdruck p_D ist temperaturabhängig und wird nach der VL $\geq 100°C > 0,0bar$ eingesetzt, die Werte wurden der Tab.432.1 entnommen.

$$p_0 \geq p_{st} + p_D \qquad [bar] \qquad Gl.45$$

$$= 0,2 bar + 0,0 bar = \underline{\underline{0,2 bar}}$$

Nach dem einsetzen des Wertes ergibt sich ein Vordruck p_0 von 0,2bar. Es folgt die Berechnung des Enddrucks p_e im MAG bei max. Vorlauftemperatur. Der Ansprechdruck p_{SV} vom Sicherheitsventil $p_{SV} \leq 5 bar$,

$$p_e = p_{SV} - 0,5 bar \qquad [bar] \qquad Gl.46$$

Anhang B: Ermittlung der Ausdehnungsgefäßgröße

kann somit über die Gl.46 berechnet werden. Angenommen wird ein Auslösen vom Sicherheitsventil bei 3bar.

$$p_e = p_{SV} - 0{,}5\,\text{bar} = 3\,\text{bar} - 0{,}5\,\text{bar} = \underline{\underline{2{,}5\,\text{bar}}}$$

Daraus resultiert ein Enddruck p_e von 0,5bar. Für die Wasservorlage V_V kann die Gl.47, unter der folgenden Voraussetzung zur Anwendung kommen.

$$V_V = 0{,}005 \cdot V_A \geq 3\,\text{dm}^3 \qquad \left[\text{dm}^3\right] \qquad \text{Gl.47}$$

$$V_V = 0{,}005 \cdot V_A = 0{,}005 \cdot 2259\,\text{dm}^3 = \underline{\underline{11{,}295\,\text{dm}^3 \geq 3\,\text{dm}^3}} \;\rightarrow \text{ist anwendbar}$$

Somit ist der Druckfaktor D_f zu ermitteln. In die Gl.48 kann der Enddruck p_e, welcher zuvor errechnet wurde, eingesetzt werden.

$$D_f = \frac{(p_e + 1\,\text{bar}) - (p_A + 1\,\text{bar})}{p_e + 1\,\text{bar}} \qquad [-] \qquad \text{Gl.48}$$

$$D_f = \frac{(2{,}5\,\text{bar} + 1\,\text{bar}) - (1\,\text{bar} + 1\,\text{bar})}{2{,}5\,\text{bar} + 1\,\text{bar}} = \underline{\underline{0{,}429}}$$

Mit den zuvor ermittelten Werten, kann durch Einsetzen das Nennvolumen V_n des MAG bestimmt werden. Dafür ist die Gl.49 zu verwenden.

$$V_n = \frac{V_e + V_V}{D_f} \qquad [l] \qquad \text{Gl.49}$$

$$V_n = \frac{44{,}70\,\text{dm}^3 + 11{,}295\,\text{dm}^3}{0{,}429} = \underline{\underline{130{,}54\,\text{dm}^3 \quad 131\,l}}$$

Das Nennvolumen V_n des Ausdehnungsgefäßes beträgt 131l, sollte im in der Tab.432.2 kein passendes zu finden sein, muss das nächst größere MAG gewählt werden. Das darauf folgende Ausdehnungsgefäß beinhaltet ein Nennvolumen von 140l. Der min. Anlagendruck $p_{F,min}$ lässt sich mit der Gl.50 berechnen.

Anhang B: Ermittlung der Ausdehnungsgefäßgröße

$$p_{F,min} = \frac{V_n \cdot (p_A + 1bar)}{V_n \cdot V_V} - 1bar \qquad [bar] \qquad Gl.50$$

$$= \frac{140l \cdot (1bar + 1bar)}{140l - 11,295l} - 1bar = \underline{\underline{1,176bar}}$$

Der min. Anlagendruck beträgt 2,204bar. Der max. Anlagendruck $p_{F,max}$ ist mit folgender Gl.51 zu ermitteln.

$$p_{F,max} = \frac{p_e + 1bar}{1bar + \dfrac{V_e \cdot (p_e + 1bar)}{V_n \cdot (p_A + 1bar)}} - 1bar \qquad [bar]$$

Gl.51

$$= \frac{2,5bar + 1bar}{1bar + \dfrac{41,07l \cdot (2,5bar + 1bar)}{140l \cdot (1bar + 1bar)}} - 1bar = \underline{\underline{1,313bar}}$$

Damit sind die wichtigsten Größen bekannt, der max. Anlagendruck sollte bei 1,313bar liegen.

Anhang B: Zustandsänderung im hx-Diagramm für die RLT-Zentrale

Zustandsänderung für die Beheizung ohne WRG in der RLT-Zentrale:

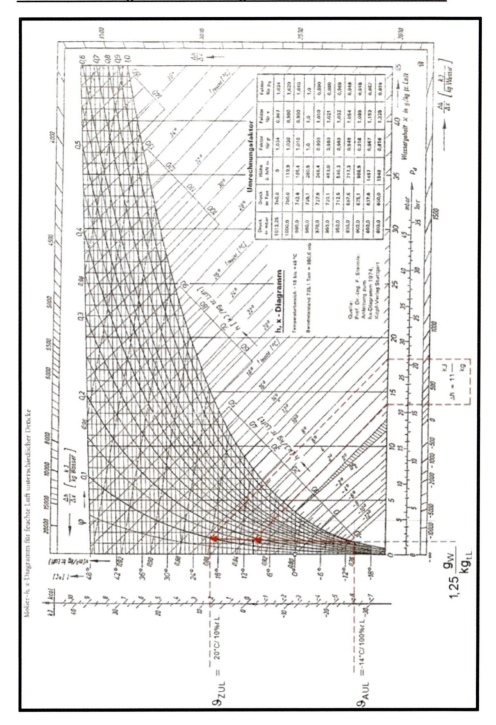

Anhang B: Zustandsänderung im hx- Diagramm für die RLT- Zentrale

Zustandsänderung für die Kühlung ohne WRG in der RLT- Zentrale:

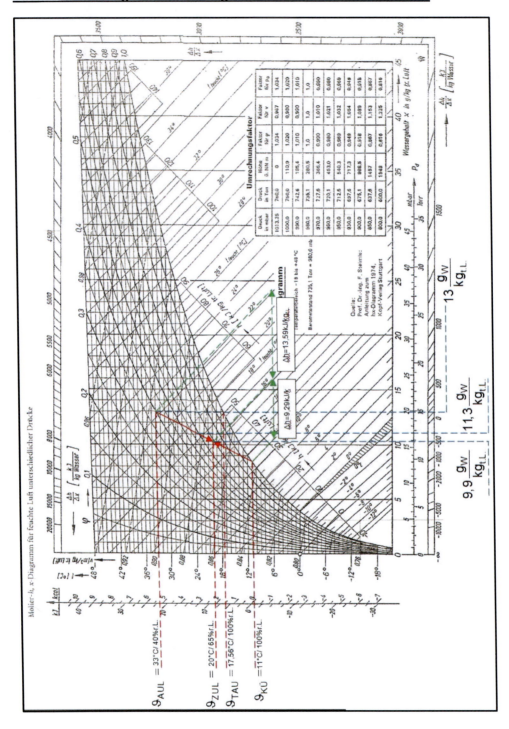

Anhang B: Direktexpansionssystem- Klimakassetten und Kältemittel

Zusammenstellung der Inneneinheiten je Raum:

Zusammenstellung der Inneneinheiten nach Heiz- und Kühllasten je Raum

Raum-Nr./ Bezeichnung	Kühllast nach VDI 2087 Q_K [Wh]	Heizlast nach DIN EN Q_K [Wh]	Anzahl der Inneneinheiten Stück	Bezeichnung der Inneneinheiten Typ	Gesamtkühlleistung der Inneneinheiten Q_K [Wh]	Gesamtheizleistung der Inneneinheiten Q_H [Wh]
1.Verkaufsraum	47.920,50	42.284,80	4	AXFP140M	56.000	64.000
2.Lagerraum Pfand	983,00	1.111,71	1	AXAP28M	2800	3.200
3.Hauptlagerraum	13.620,00	13.892,41	2	AXFP71M	14200	16.000
4.WC-Herren	106,00	273,20	1	AXAP28M	2800	3.200
5.WC-Damen	108,00	277,10	1	AXAP28M	2800	3.200
6.Aufenthaltsraum- Mitarbeite	809,50	1.186,10	1	AXAP28M	2800	3.200
7.Technikraum	50,30	504,03	-	-	-	-
8.Büroraum	230,00	369,61	1	AXAP28M	2800	3.200
9.Flur	-	89,50	-	-	-	-
Σ Kühl- und Heizlast [Wh]	63.827,30	59.988,46	11,00	-	84.200,00	96.000,00

Zusammenstellung der Inneneinheiten je Raum

Raum-Nr./ Bezeichnung	Anzahl der Inneneinheite Stück	Bezeichnung der Typ
1.Verkaufsraum	4	AXFP140M
2.Lagerraum Pfand	1	AXAP28M
3.Hauptlagerraum	2	AXFP71M
4.WC-Herren	1	AXAP28M
5.WC-Damen	1	AXAP28M
6.Aufenthaltsraum- Mitarbeite	1	AXAP28M
7.Technikraum	-	-
8.Büroraum	1	AXAP28M
9.Flur	-	-

Auswahl der Verteilungsleitungen nach Herstellerangaben:

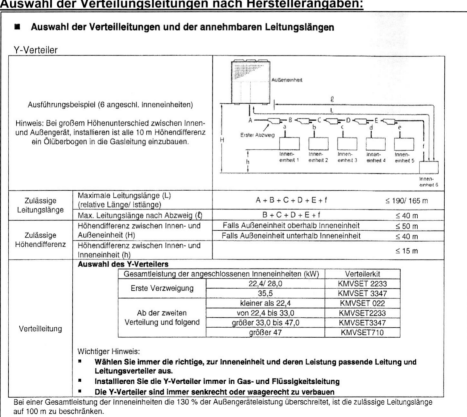

Anhang B: Direktexpansionssystem- Klimakassetten und Kältemittel

Auswahl der Kältemittelleitungen- Herstellerangaben

2.3 Auswahl der Kältemittelleitungen, Verteiler und der zulässigen Längen

- Stellen Sie sicher, dass die Gesamtlänge der Kältemittelleitung 520 m oder weniger beträgt.
- Benutzen Sie die auf S. 20 genannten Leitungen mit größeren Durchmessern für die Hauptleitung (für Gas und Flüssigkeit), falls die Länge der Kältemittelleitung 100 m überschreitet. Beispiel: Ø 16 → Ø 22.
- Leitungen nicht knicken.
- Die Einbauart der Kältemittelleitung kann aus der Anleitung für den Verteileranschluss, den Hauptverteiler und den kombinierten Hauptverteiler ausgewählt werden. Wählen Sie den angemessenen Leitungseinbau passend zur Auslegung der Inneneinheiten.
- Die Länge der Kältemittelleitung sowie der Höhenunterschied zwischen den Inneneinheiten sollte so klein wie möglich gehalten werden.
- Enthält eine Leitung einen Sammelverteiler, dürfen die angeschlossenen Einzelanschlussleitungen nicht erneut verzweigt werden.

Leitungsmerkmale

Das Leitungsmaterial ist phosphatreduziertes, nahtloses Kupferrohr in Kühlschrankqualität. Die Kältemittelleitungsmerkmale wie Außendurchmesser × Wandstärke (mm) gemäß DIN 12735 Teil 1.

Dimensionen	Dimensionen
6 × 1,0	10 × 1,0
12 × 1,0	16 × 1,0
22 × 1,0	28 × 1,5
35 × 1,5	

Beachten Sie: Der Durchmesser der Hauptleitung darf nicht überschritten werden

(1) Dimensionen zwischen der Außeneinheit und des 1. Abzweig (Abbildung A unten)

Außeneinheit	AXGP 224 D1	AXGP 280 D1	AXGP 355 D1
Gasleitung	Ø22		Ø28
Flüssigkeitsleitung	Ø10		Ø12

(2) Dimensionen zwischen den einzelnen Abzweigen (Abb. B, C unten)

Gesamtleistung der Inneneinheiten	Weniger als 22,4 kW	Zwischen 22,4 kW und 33,0 kW	Zwischen 33,0 kW und 47,0 kW	Zwischen 47,0 kW und 71,0 kW	Zwischen 71,0 kW und 104 kW
Gasleitung	Ø16	Ø22	Ø28		Ø35
Flüssigkeitsleitung	Ø10		Ø12	Ø16	Ø22

(3) Dimension zwischen Abzweig und Inneneinheit (Abb. a, b, c, d, e, f unten)

Inneneinheit	P22, 28, 36, 45, 56	P71, 80, 90, 112, 140, 160	P224	P280	P355
Gasleitung	Ø12	Ø16	Ø22	Ø22	ø28
Flüssigkeitsleitung	Ø6	Ø10			ø 12

> **Wichtiger Hinweis**
>
> - Inneneinheit vom Typ 280 oder größer dürfen nicht mit dem Hauptverteiler verbunden werden. (Abb. a, b, c, d, e, f).
> Bei Verbau eines Sammelverteilers ist die Inneneinheit des Typs P280 oder höher mit dem Verteileranschlusses zu verbinden (Abb. a, b).

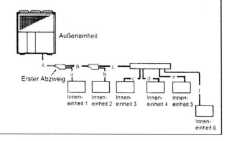

Anhang B: Direktexpansionssystem- Klimakassetten und Kältemittel

Direktverdampfung über Sammelverteiler:

Die Rohrnetzauslegung wird für die Variante Direktverdampfung, über einen Kältemittelverteiler, betrachtet.

Hersteller Auslegungsbedingungen:

Die Gesamtlänge der Kältemittelleitung muss < 520 m sein.
Die Länge der Kältemittelleitung, bei einem Querschnitt von ø16 - ø22mm, darf eine Strecke von 100 m nicht überschreiteten.
Den Höhenunterschied zwischen GMWP und Inneneinheit muss beachtet werden!
Die Kupferleitungen müssen nach der DIN 12735 Teil 1 gewählt werden.

Eine Prüfung der Auslegungsbedingungen ergibt:

Diese Variante ist nicht realisierbar!

Begründung:

Der Verteiler hat max 8 Anschlüsse, benötigt werden 9 Stück.
Die Leitungslänge Iges wird überschritten: 618m > 520m.
Ein Gerät der Leistung P280 darf nicht an den Verteiler angeschlossen werden.

Auslegung nach Herstellerangaben:

Zu verwendene Dimensionen

6 x 1,0
10 x 1,0
12 x 1,0
16 x 1,0
22 x 1,0
28 x 1,5
35 x 1,5

Dimension zwischen Außeneinheit und dem 1. Abzweig

Die gewählte Außeneinheit, ist die Gasmotorwärmepumpe P560.

Außeneinheit	P450	P560	P710
Gasleitung	ø 28	ø 28	ø 35
Flüssigkeitsleitung	ø 12	ø 16	ø 16

Dimension zwischen den einzelnen Abzweigen

Gesamtleistung der Inneneinheiten	< 22,4kW	22,4-33kW	33-47kW	47-71kW	71-104kW
Dimension	[mm]	[mm]	[mm]	[mm]	[mm]
Gasleitung	ø 16	ø 22	ø 28	ø 28	ø 35
Flüssigkeitsleitung	ø 10	ø 10	ø 12	ø 16	ø 22

Dimension zwischen Abzweig und Inneneinheit

Inneneinheit	P22, 28, 36, 45, 56	P71, 80, 90, 112, 140, 160	P224	P280	P355
Dimension	[mm]	[mm]	[mm]	[mm]	[mm]
Gasleitung	ø 12	ø 16	ø 22	ø 22	
Flüssigkeitsleitung	ø 6	ø 10	ø 10	ø 10	ø 12

Rohrnetzauslegung (Verteiler)

TS Nr.	Q [kW]	l [m]	Verteiler bis Inneneinheit [m]	Dimension [mm]
1(Gasl.)	72,38	8	8	28 x 1,5
1.1(Flüssigl.)	72,38	8	8	16 x 1,0
2(Gasl.)	4,01	20	20	16 x 1,0
2.1(Flüssigl.)	4,01	20	20	10 x 1,0
3(Gasl.)	4,01	29	29	16 x 1,0
3.1(Flüssigl.)	4,01	29	29	10 x 1,0
5(Gasl.)	1,58	39	39	12 x 1,0
5.1(Flüssigl.)	1,58	39	39	6 x 1,0
6(Gasl.)	1,58	20	20	12 x 1,0
6.1(Flüssigl.)	1,58	20	20	6 x 1,0
7(Gasl.)	7,90	27	27	16 x 1,0
7.1(Flüssigl.)	7,90	27	27	10 x 1,0
8(Gasl.)	7,90	20	20	16 x 1,0
8.1(Flüssigl.)	7,90	20	20	10 x 1,0
9(Gasl.)	28,00	33	33	22 x 1,0
9.1(Flüssigl.)	28,00	33	33	10 x 1,0
10(Gasl.)	7,90	35	35	16 x 1,0
10.1(Flüssigl.)	7,90	35	35	10 x 1,0
11(Gasl.)	7,90	39	39	16 x 1,0
11.1(Flüssigl.)	7,90	39	39	10 x 1,0
12(Gasl.)	1,58	39	39	12 x 1,0
12.1(Flüssigl.)	1,58	39	39	6 x 1,0
Iges [m]=		618		

Anzahl/Kassetten	Kühllast pro Kassette
4x Verkaufsfläche	7904,3
1x Lager-Pfand	1580,9
2x Lager	4008,6
1x Aufenthaltsraum	1580,9
1x Büro	1580,9
1x RLT-Modul	28000,0

Rohrdimension und Σ Rohrlängen

Länge	28 x 1,5	22 x 1,0	16 x 1,0	12 x 1,0	10 x 1,0	6 x 1,0
[m]	8	33	178	98	203	98

Anhang B: Direktexpansionssystem- Klimakassetten und Kältemittel

Direktverdampfung über Y-Verteiler:

Hinweise:
CU-Leitungen nach DIN 12735 Teil 1
Gesamtlänge der Kältemittelleitung <520 m.
Wenn die Länge der Hauptleitung (für Gas- und Flüssigkeit) 100 m überschreitet, dann von Ø16 auf Ø22.
Höhenunterschied beachten.

max. Leitungslänge:
1. Außeneinheit bis Inneneinheit   < 190/ 165m
2. nach Abzweig/ Verteiler   < 40m
     max. Leitungslänge: <190m
     tat. Max. Leitungslänge: = 64,5m (TS: 1;3;5;6;8;10;12;14;15)

Dimensionen
- 6 x 1,0
- 10 x 1,0
- 12 x 1,0
- 16 x 1,0
- 22 x 1,0
- 28 x 1,5
- 35 x 1,5

Dimension zwischen Außeneinheit und dem 1. Abzweig

Außeneinheit	P450	P560	P710
Gasleitung	Ø 28	Ø 28	Ø 35
Flüssigkeitsleitung	Ø 12	Ø 16	Ø 16

Dimension zwischen den einzelnen Abzweigen

Gesamtleistung der Inneneinheiten	< 22,4kW	22,4-33kW	33-47kW	47-71kW	71-104kW
Gasleitung	Ø 16	Ø 22	Ø 28	Ø 28	Ø 35
Flüssigkeitsleitung	Ø 10	Ø 10	Ø 12	Ø 16	Ø 22

Dimension zwischen Abzweig und Inneneinheit

Inneneinheit AX A/C/M	P22, 28, 36, 45, 56	P71, 80, 90, 112, 140, 160	P224	P280	P355
Gasleitung	Ø 12	Ø 16	Ø 22	Ø 22	
Flüssigkeitsleitung	Ø 6	Ø 10	Ø 10	Ø 10	Ø 12

Rohrnetz-Tabelle (Y-Verteiler)

TS Nr.	Q [kW]	l [m]	Verteiler bis Inneneinheit [m]	Ø [mm]	Dimension [mm]
1(Gasl.)	72,38	5		28	28 x 1,5
1.1(Flüssigl.)	72,38	5		16	16 x 1,0
2(Gasl.)	28,00	15		22	22 x 1,0
2.1(Flüssigl.)	28,00	15	15	10	10 x 1,0
3(Gasl.)	44,38	5		28	28 x 1,5
3.1(Flüssigl.)	44,38	5		12	12 x 1,0
4(Gasl.)	7,90	16		16	16 x 1,0
4.1(Flüssigl.)	7,90	16	21	10	10 x 1,0
5(Gasl.)	36,47	1		28	28 x 1,5
5.1(Flüssigl.)	36,47	1		12	12 x 1,0
6(Gasl.)	7,90	9		16	16 x 1,0
6.1(Flüssigl.)	7,90	9	15	10	10 x 1,0
7(Gasl.)	28,57	1,5		16	16 x 1,0
7.1(Flüssigl.)	28,57	1,5		10	10 x 1,0
8(Gasl.)	4,01	1		16	16 x 1,0
8.1(Flüssigl.)	4,01	1	8,5	10	10 x 1,0
9(Gasl.)	24,56	6		16	16 x 1,0
9.1(Flüssigl.)	24,56	6		10	10 x 1,0
10(Gasl.)	4,01	1		16	16 x 1,0
10.1(Flüssigl.)	4,01	1	14,5	10	10 x 1,0
11(Gasl.)	20,55	1,5		16	16 x 1,0
11.1(Flüssigl.)	20,55	1,5		10	10 x 1,0
12(Gasl.)	7,90	20		16	16 x 1,0
12.1(Flüssigl.)	7,90	20	35	10	10 x 1,0
13(Gasl.)	12,65	9		16	16 x 1,0
13.1(Flüssigl.)	12,65	9	24	10	10 x 1,0
14(Gasl.)	7,90	2,5		16	16 x 1,0
14.1(Flüssigl.)	7,90	4		10	10 x 1,0
15(Gasl.)	4,74	4		12	12 x 1,0
15.1(Flüssigl.)	4,74	20	21,5	6	6 x 1,0
16(Gasl.)	1,58	5		16	16 x 1,0
16.1(Flüssigl.)	1,58	5		10	10 x 1,0
17(Gasl.)	3,16	2		12	12 x 1,0
17.1(Flüssigl.)	3,16	2	24,5	6	6 x 1,0
18(Gasl.)	1,58	3		12	12 x 1,0
18.1(Flüssigl.)	1,58	3	27	6	6 x 1,0
l_ges [m]=		232,5			

Anzahl/Standort	Kühllast pro Innengerät [kW]
4x Verkaufsfläche	7904,3
1x Lager-Pfand	1580,9
2x Lager	4008,6
1x Aufenthaltsraum	1580,9
1x Büro	1580,9
1x RLT-Modul	28000,0

Rohrdimension und Σ Rohrlängen

Dimension	28 x 1,5	22 x 1,0	16 x 1,0	12 x 1,0	10 x 1,0	6 x 1,0
Länge [m]	11	5	77,5	15	89	25

Anhang B: Direktexpansionssystem- Klimakassetten und Kältemittel

Füllmengenberechnung: Direktverdampfung

Direktverdampfung mit Y-Verteiler

Für die Berechnung der Füllmenge, nach Herstellerangaben,
sind nur Dimension und Länge der **Flüssigkeitsleitung** maßgeblich.
Diese Gleichung wird vom Heresteller für mehr als eine Inneneinheit vorgegeben.
Abfüllmenge in kg:

$$= (Y_1 \cdot 0{,}39) + (Y_2 \cdot 0{,}20) + (Y_3 \cdot 0{,}13) + (Y_4 \cdot 0{,}06) + (Y_5 \cdot 0{,}028) + 1$$

Y_1	Flüssigkeitsleitung	⌀ 22mm
Y_2	Flüssigkeitsleitung	⌀ 16mm
Y_3	Flüssigkeitsleitung	⌀ 12mm
Y_4	Flüssigkeitsleitung	⌀ 10mm
Y_5	Flüssigkeitsleitung	⌀ 6mm

Dimension	22 x 1,0	16 x 1,0	12 x 1,0	10 x 1,0	6 x 1,0
Länge [m]	5	5	6	89	25
Füllmenge [kg]	1,95	1	0,78	5,34	0,7
Σ Füllmenge [kg]	9,77				

Anhang C: Direktexpansionssystem- GMWP- Gerätedaten

Gerätedaten der ausgewählten GMWP:

Gerätedaten AXGP 450 - 710

5.1 Gerätedaten

ausgewähltes Modell mit Leistungsdaten ↓ (AXGP 560 D1 NW)

Modelle				AXGP 450 D1 NW	AXGP 560 D1 NW	AXGP 710 D1 NW
	Erdgas			AXGP 450 D1 NW	AXGP 560 D1 NW	AXGP 710 D1 NW
	Flüssiggas			AXGP 450 D1 PW	AXGP 560 D1 PW	AXGP 710 D1 PW
Power				16 HP	20 HP	25 HP
Leistung	Heizleistung		kW	50,0	63,0	80,0
	Kühlleistung		kW	45,0	56,0	71,0
	Max. Heizleistung		kW	53,0	67,0	85,0
Außenmaße (Höhe × Breite × Tiefe)			mm		2100 × 2120 × 890	
Gewicht			kg		877	882
Elektrischer Anschluss	Anschlussspannung				230 V, 50 Hz, Einphasig	
	Anlaufstrom		A		20	
	Leistungsaufnahme	Heizen	kW		1,29	1,44
		Kühlen	kW		1,23	1,34
	Stromaufnahme	Heizen	A		6,9	7,7
		Kühlen	A		6,5	7,1
Brennstoff	Verbrauch	Heizen	kW	30,9	39,8	53,7
		Kühlen	kW	30,0	39,6	53,1
	Betriebsdruck	Erdgas	mbar		22	
		Flüssiggas	mbar		30	
Motor	Typ				Wassergekühlter 4-Takt-Otto-Motor	
	Zylinder				4 Zylinder-OHV-Motor	
	Hubraum		cm³		1.998	
	Nennleistung		kW	12,1	15,0	19,0
	Drehzahlbereich	Heizen	1/min	850 - 2.200	850 - 2.400	850 - 2.600
		Kühlen	1/min	800 - 1.600	800 - 1.800	800 - 2.050
	Anlasser				Gleichstromanlasser	
	Schmierung	Typ			AISIN Gasmotoröl L30.000G	
		Menge	l		3,5	
Kühlwasser Motor	Typ				AISIN Coolant S	
	Menge		l		23,0	
	Konzentration		%		65,0	
	Gefrierpunkt		°C		-35	
Motorraumkühlung					Ventilatorlüftung	
Verdichter	Typ				Scrollverdichter	
	Anzahl				4	
	Kraftübertragung				Poli-V-Riemen gekoppelt mit Magnetkupplungen je Verdichter	
	Kältemittelöl				NL 10	
Lufteinlass					Vorder- und Rückseite	
Luftauslass					Oben	
Schalldruckpegel	Standard		db (A)	57	58	62
	Silent		db (A)	55	56	60
Leistungsregelung					Regelung über Motordrehzahl und Schaltbarkeit der Verdichter	
Ventilator	Typ				Axialventilator	
	Anzahl				3	
	Luftmenge				435	450
Winterkit					Ja	
Kältemittel	Typ				R410A	
	Menge		kg		11,5	
Rohrdimensionen	Sauggasleitung		mm		28	35
	Flüssigkeitsleitung		mm	12	16	
	Gasleitung		Zoll		3/4	
Zulässige Leitungslänge			m		190/ 165	
Max. Höhendifferenz zw. Außen- und Innengeräten	Außengerät tiefer		m		40	
	Außengerät höher		m		50	
Max. Höhendifferenz zw. Innengeräten			m		15	
Max. Leitungslänge ab dem ersten Abzweig			m		40	
Anschließbare Innengeräte AISIN				26	33	41
Wartungsintervall Motor			h		10.000	
Wechselintervall Motoröl			h		30.000	
Warmwasserleistung Motorwärme (Optional)			kW	16,5	20,0	25,0

Anhang C: Direktexpansionssystem- GMWP- Gerätedaten

Schalldruckpegel der GMWP

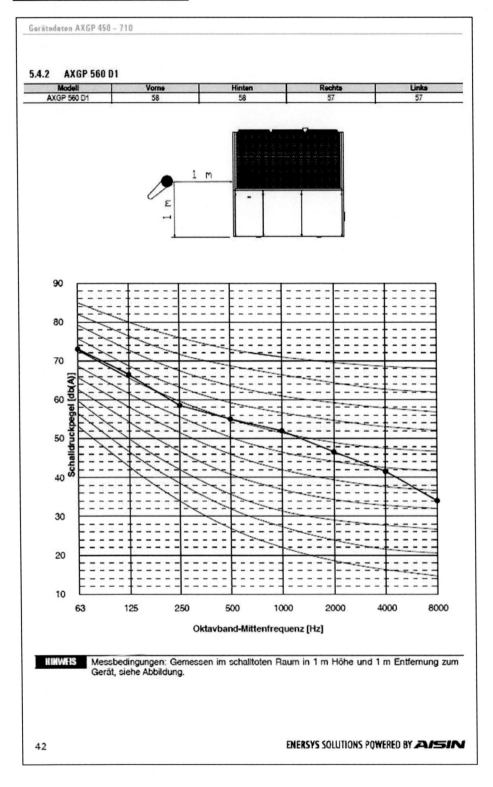

Anhang C: Direktexpansionssystem- Kältemittel und Bus- Kabel

Kältemittel R410-A Abpackung und Preis

Kältemittel R410A

[R410A]

Kältemittel R410A :

Inhalt 10,00 Kg

Preise Lieferung:

bis 3 Flaschen: 20,00 €, bis 7 Flaschen 35,00 €,
bis 4 Flaschen 50,00 €, ab 29 Flaschen frei Haus

In der TÜV - geprüften Stahlflaschen mit Druckprüfung
Gasflaschen werden wieder verwendet, Einsatz 60,00 € pro Flasche

Beschreibung und Preis: Bus- Kabel geschirmt

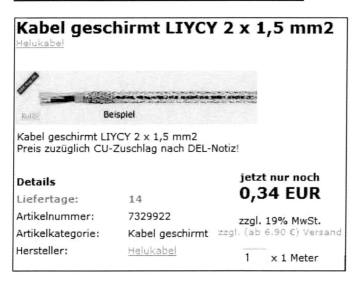

Kabel geschirmt LIYCY 2 x 1,5 mm2

Helukabel

Beispiel

Kabel geschirmt LIYCY 2 x 1,5 mm2
Preis zuzüglich CU-Zuschlag nach DEL-Notiz!

Details

Liefertage:	14
Artikelnummer:	7329922
Artikelkategorie:	Kabel geschirmt
Hersteller:	Helukabel

jetzt nur noch
0,34 EUR

zzgl. 19% MwSt.
zzgl. (ab 6.90 €) Versand

1 x 1 Meter

Anhang C: Indirektes Expansionssystem- Technische Spezifikation Yoshi Hydraulikmodul

Technische Spezifikation der Übertragungsstation Yoshi 20 HP

Hydraulikmodul Yoshi ®		8 HP	10 HP	13 HP
Kühlen	Nennleistung	21,5	26,6	32
	Wassertemperatur °C (min.)	7,0 – 10,0	7,0 – 11,0	7,0 – 12,0
Heizen	Nennleistung	25,2	32	41
	Wassertemperatur °C (max.)	47,0 – 43,2	47,0 – 42,3	47,0 – 41,0
Zirkulationspumpe	Stromversorgung (V/ Ph/ Hz)	230/ 1/ 50		
	Leistungsaufnahme [kW]	0,55		
	Durchflussmenge [m³/h]	5,8		
	Förderhöhe Pumpe [m]	11,0		
	Externe Förderhöhe [m]	5		
Maße hydraulische Anschlüsse		2"		
KM-Lötanschluss am AWS [mm]		12/ 28		
Dimension KM-Anschlussleitung		10/ 22	10/ 22	12/ 28
Maße Hydraulikmodul (H x B x T) [mm]		1200 x 1020 x 710		
Gewicht [kg]		190		

Hydraulikmodul Yoshi ®		16 HP	ausgewählte Yoshi Hydraulikstation 20 HP	25 HP
Kühlen	Nennleistung	43	53,5	67,5
	Wassertemperatur °C (min.)	7,0 – 10,2	7,0 – 11,0	7,0 – 12,0
Heizen	Nennleistung	50,5	64,0	80,0
	Wassertemperatur °C (max.)	47,0 – 43,2	47,0 – 42,2	47,0 – 41,0
Zirkulationspumpe	Stromversorgung (V/ Ph/ Hz)	230/ 1/ 50		
	Leistungsaufnahme [kW]	0,75		
	Durchflussmenge [m³/h]	11,5		
	Förderhöhe Pumpe [m]	13,0		
	Externe Förderhöhe [m]	5,0		
Maße hydraulische Anschlüsse		2"		
KM-Lötanschluss am AWS [mm]		22/ 28		
Dimension KM-Anschlussleitung		12/ 28	16/ 28	16/ 35
Maße Hydraulikmodul [mm]		1200 x 1020 x 710		
Gewicht [kg]		190		

Das Gerät ist mit einer elektrischen Pumpe ausgestattet die eine Nutzförderhöhe bis 50 kPa für den Anschluss an einen vorhandenen Wasserspeicher leistet.

⚠ **ACHTUNG:**
- **Das Hydraulikmodul wird ohne Sicherheitsventil und Ausdehnungsgefäß ausgeliefert. Sicherheitsarmaturen sind gemäß den geltenden Vorschriften und Regeln der Technik zu dimensionieren und einzubauen.**
- **Installieren Sie den beigefügten Filter im Rücklauf des Hydraulikmoduls.** *Schäden die durch unterlassen der Filtermontage verursacht werden, sind nicht durch die Garantie abgedeckt.*
- **Setzen Sie ordnungsgemäß ausgelegte Pufferspeicher mit Strömungsrohren ein.**

Anhang C: Indirektes Expansionssystem- Technische Spezifikation Yoshi Hydraulikmodul

Verbindung zwischen der GMWP und der Übertragungsstation Yoshi 20 HP

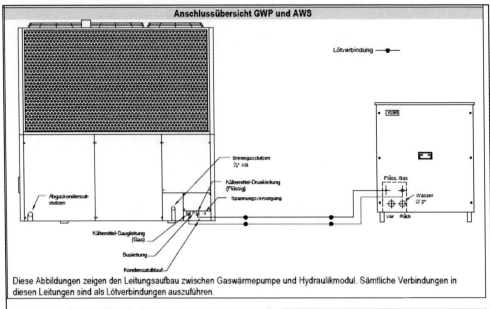

Diese Abbildungen zeigen den Leitungsaufbau zwischen Gaswärmepumpe und Hydraulikmodul. Sämtliche Verbindungen in diesen Leitungen sind als Lötverbindungen auszuführen.

Außeneinheit	Durchmesser × Leitungsstärke [mm]		Installationsposition			Kältemittelöl
			Zul. Leitungslänge [m] (Relative/ tatsächliche)	Max. Höhenunterschied [m]		
	Saugltg.	Druckltg.		GWP oberhalb	GWP unterhalb	
224 (8 HP)	Ø 22 × 1,0	Ø 10 × 1,0	70/ 60	20	25	NL10
280 (10 HP)						
355 (13 HP)	Ø 28 × 1,5	Ø 12 × 1,0				
450 (16 HP)						
560 (20 HP)	Ø 35 × 1,5	Ø 16 × 1,0				
710 (25 HP)						

Ermittlung der Kältemittelmenge zwischen der GMWP und dem Hydraulikmodul Yoshi

Füllmengenberechnung [kg]
$Q + (L_1 \times 0{,}39) + (L_2 \times 0{,}28) + (L_3 \times 0{,}2) + (L_4 \times 0{,}13) + (L_5 \times 0{,}06) + (L_6 \times 0{,}028)$

Es bedeuten:

Platzhalter	Faktor/ Wert	Leitungsdimensionen (Druckleitung)
L_1	0,39	Ø 22 mm
L_2	0,28	Ø 18 mm
L_3	0,20	Ø 16 mm
L_4	0,13	Ø 12 mm
L_5	0,06	Ø 10 mm
L_6	0,028	Ø 6 mm

Der Wert des Platzhalters Q hängt vom Gaswärmepumpentypen ab. Entnehmen Sie den entsprechenden Wert aus folgender Tabelle:

Außeneinheit	Installationsart	Q [kg]
8 – 10 – 13 HP	AWS	- 1,5
16 – 20 – 25 HP	AWS	+ 1,5

Anhang C: Indirektes Expansionssystem - Wasserkassetten

Kampmann Wasserkassetten:

Ausführung				Baugröße 30	Baugröße 45
Abmessungen	Inneneinheit	L x B x H	mm		1171 x 571 x 287
	Deckenpaneel	L x B x H	mm		1225 x 625 x 40
Anschlussdurchmesser	2-Leitersystem	Kühlen oder Heizen	Zoll		
Luftvolumenstrom		Stufe 3	m³/h	1550	1630
		Stufe 2	m³/h	1350	1250
		Stufe 1	m³/h	1100	1000
Nennkühlleistung*	2-Leitersystem	Stufe 3	Watt	6440	10200
		Stufe 2	Watt	5600	7800
		Stufe 1	Watt	4600	6250
Kaltwasser-Kassette 2-Leitersystem			Art.-Nr.	3250005230200	3250005245200
			€/Stück	2319,00	2398,00
Kaltwasser-Kasssette 2-Leitersystem mit eingebautem 3-Wege-Ventil und 2-Punkt-Stellantrieb			Art.-Nr.	3250005230210	3250005245210
			€/Stück	2860,00	2939,00

Ausführung				Baugröße 07	Baugröße 09	Baugröße 18
Abmessungen	Inneneinheit	Länge	mm	815	815	1115
		Breite	mm	160	160	195
		Höhe	mm	270	270	330
Anschlussdurchmesser			Zoll	1/2"	1/2"	3/4"
Luftvolumenstrom		Stufe 3	m³/h	345	450	870
		Stufe 2	m³/h	290	370	750
		Stufe 1	m³/h	220	280	600
Nennkühlleistung*	2-Leitersystem	Stufe 3	Watt	1800	2100	3660
		Stufe 2	Watt	1500	1820	3150
		Stufe 1	Watt	1150	1420	2500
Kaltwasser-Wandgerät inkl. eingebautem 3-Wege-Ventil und beigestelltem Raumthermostat			Art.-Nr.	3250080721	3250080921	3250081821
			€/Stück	927,00	1091,00	1340,00

Anhang C: Indirektes Expansionssystem- Heizungsverteiler und Pumpen

Heizungsverteilerbalken:

Heizungs- und Kühlwasserverteiler mit selbstdichtenden Red.-Stücken

Beispiel: MAGRA-VARIO-Kesselverteiler mit **3 Heizgruppen**.

Kombinierter Vor- und Rücklaufverteiler, best. aus: Verteilerkammer für Vor- und Rücklauf übereinander angeordnet, aus patentierten Stahlblech-C-Profilen geschweißt. Doppelkammer 85/85 mm. Gruppenabgänge Vor- und Rücklauf nebeneinander als Muffen 1½". Muffenabstand 160 mm. Serienmäßig ein Vorlaufanschluss als Muffe 1½" stirnseitig, ein Rücklaufanschluss als Muffe 1½" unten und Entleerungsmuffe ½" für Vorlaufkammer. Der Verteiler ist werkseitig druckgeprüft und grundiert. Betriebsüberdruck max. 6 bar / Betriebstemperatur bis 110 °C.

Anzahl der Heizgruppen	Artikel Nr.	EUR/Stück
2	300.1.02	247,50
3	300.1.03	309,40
4	**300.1.04**	**371,30**
5	300.1.05	433,20
6	300.1.06	495,10
jede weitere Heizgruppe		61,90

Serienmäßig ein Vorlaufanschluss 1½" stirnseitig, ein Rücklaufanschluss 1½" unten und Entleerung ½" für Vorlaufkammer = im Preis enthalten.

MAGRA-EPP-Fertigisolierung - entspr. der EnEV.

Best. aus: Schwarzen Isolierschaum-Halbschalen 35 mm dick mit Ausschnitten für die Verteileranschlüsse und Konsolen. Einschließlich Schnellverschlüssen.

Anzahl der Heizgruppen	Artikel Nr.	EUR/Stück
2	375.1.02 EPP	101,70
3	375.1.03 EPP	144,80
4	**375.1.04 EPP**	**187,90**
5	375.1.05 EPP	231,00
6	375.1.06 EPP	274,10
7	375.1.07 EPP	317,20
8	375.1.08 EPP	360,30
jede weitere Heizgruppe		43,10

Umwälzpumpen:

Pos.	Anz.	Bezeichnung	PG	EP [EUR]	GP [EUR]
	1	Anlage: Hocheffizienz-Pumpe Wilo-Stratos 25/1-6 CAN PN 10 Artikelnummer : 2095493	W1	751,00	751,00
	1	Zubehör: Pumpensteuerung IF-Modul Stratos SBM Artikelnummer : 2030495	W3	92,00	92,00
				Zwischensumme:	843,00
	1	Anlage: Standardpumpe Wilo-Star-RS 25/4 EM PN10 Artikelnummer : 4107883	W0	166,00	166,00
	1	Zubehör: Isolation Wärmedämmschale Artikelnummer : 4046444	W3	12,00	12,00
				Zwischensumme:	178,00
	1	Anlage: Standardpumpe Wilo-Star-RS 25/2-(DE) EM PN10 Artikelnummer : 4107882	W0	155,00	155,00
	1	Zubehör: Isolation Wärmedämmschale Artikelnummer : 4046444	W3	12,00	12,00
				Zwischensumme:	167,00
	1	Anlage: Hocheffizienz-Pumpe Wilo-Stratos 25/1-6 CAN PN 10 Artikelnummer : 2095493	W1	751,00	751,00
	1	Zubehör: Pumpensteuerung IF-Modul Stratos SBM Artikelnummer : 2030495	W3	92,00	92,00
				Zwischensumme:	843,00

Anhang C: Indirektes Expansionssystem- Zubehör

Membran- Ausdehnungsgefäß:

Buderus Membran Druck Ausdehnungsgefäß 140 l blau

148,00 €
[inkl. 19% MwSt zzgl. Versandkosten]

Artikelinformationen:

Buderus Logafix Membran Druck Ausdehnungsgefäß, 140 l, blau

- Durchmesser 512 mm, Höhe 890 mm
- Systemanschluss mit Gewinde R 1", außen Kunststoffbeschichtet, Farbe blau
- Preis für 1 Stück

Dreiwegeventil:

Sauter 3-Wege-Flansch-Motormischhahn PN 6

Typ MH32F...-F200 DN	k_{VS}-Wert m^3/h	Δp_{max} bar	mit Antrieb montiert	Artikel-nummer	Preis* EUR
20	12	1,0	AR 30 W 23 F 001	81870 264	363,44
25	18	1,0	AR 30 W 23 F 001	81870 268	369,44
32	28	1,0	AR 30 W 23 F 001	81870 272	394,44
40	44	1,0	AR 30 W 23 F 001	81870 276	404,44
50	66	0,5	AR 30 W 23 F 001	81870 280	450,44
65	100	0,5	AR 30 W 23 F 001	81870 284	467,44
80	150	0,5	AR 30 W 23 F 001	81870 288	544,44

Rabattgruppe 485

Sauter Stellantrieb ASM

- Für Regler mit stetigem oder schaltendem Ausgang zur Betätigung von Luft- und Absperrklappen sowie Mischern
- Sauter-Universal-Technologie SUT. Für Regler mit stetigem Ausgang (0...10 V) oder schaltendem Ausgang (2-Punkt oder 3-Punkt-Steuerung). Laufzeit umschaltbar
- Handverstellung
- Wartungsfreies Getriebe
- Selbstzentrierender Achsadapter

Typ	Drehmoment	Stellsignal	Speise-spannung	Laufzeit für 90°	Artikel-nummer	Preis* EUR
ASM 104 F120	• 5 Nm	3-Punkt	230 V	120 s	81878 410	62,90
ASM 114 F120	• 10 Nm	3-Punkt	230 V	120 s	81878 412	77,35
ASM 124 F130	• 15 Nm	3-Punkt	230 V	60/120 s	81878 414	96,—
ASM 104 S F132	• 5 Nm	SUT	24 V	30/60/120 s	81878 420	95,20
ASM 114 S F132	• 10 Nm	SUT	24 V	60/120 s	81878 422	117,30
ASM 124 S F132	• 15 Nm	SUT	24 V	60/120 s	81878 424	140,80

Rabattgruppe 485

Anhang C: Indirektes Expansionssystem- Zubehör

Überströmventil:

Sicherheitsventil:

Regelung:

Ausführung	Zusatz zur KW-Kass.-Art.-Nr.	€/Stück
KaControl Führungs- oder Folgegerät, Anschluss für Raumbediengerät KaController Typ 3210003/3210004; Parallelbetrieb von max. sechs -C1-Geräten je Raumbediengerät über Busleitung möglich	*-C1	328,00
KaController mit Ein-Knopf-Bedienung, Raumbediengerät zur Wandmontage in hochwertigem Design, Gehäuse aus Kunststoff, Farbe ähnlich RAL 9010, mit großflächigem LCD-Multifunktionsdisplay, integrierter Raumtemperaturfühler; nur für Regelungsvariante -C1	196003210003	95,00
KaController mit zusätzlichen Funktionstasten, wie Typ 3210003, zusätzlich mit Funktionstasten für Schnellzugriff auf Lüftereinstellung, Betriebsarten, Betrieb On/Off, Zeitschaltprogramm und Betriebsartenwahl; nur für Regelungsvariante -C1	196003210004	95,00
Rohranlegefühler (Change Over) zur dezentralen Umschaltung Heizen/Kühlen bei 2-Leiter Anwendung	196003250116	32,00
KaControl CANbus-Karte zur Erweiterung der Geräteanzahl bei Einkreisregelung auf bis zu 30 Geräte, je Kaltwasser-Kassette einmal erforderlich	196003260301	71,00
KaControl RS-485-Karte mit Modbus-Protokoll zur Anbindung an GLT-Stationen	196003260101	71,00

* Kaltwasser-Kassetten-Art.-Nr. einsetzen

KaController mit Einknopfbedienung, Art.-Nr. 1940003210003

KaController mit Funktionstasten, Art.-Nr. 1940003210004

Anhang C: Alternativsystem- Datenblätter der Erzeuger

Erzeuger: Gas- Brennwertkassel Logano GB 202- 62

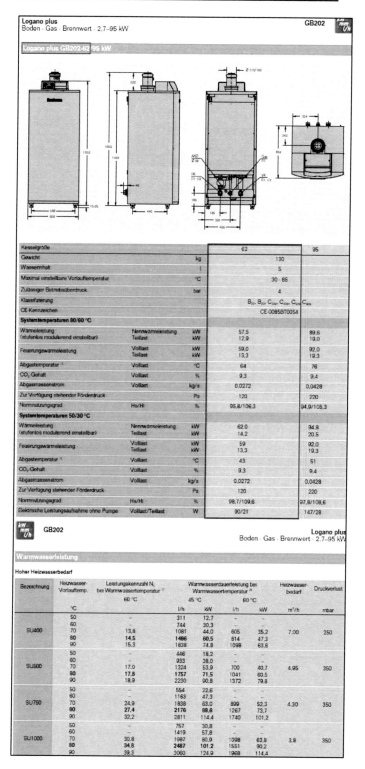

Anhang C: Alternativsystem- Datenblätter der Erzeuger

Erzeuger: Kaltwassererzeuger Kampmann 072, der Baureihe 2, Außenaufstellung

Technische Daten Kaltwassererzeuger Baureihe 2, Außenaufstellung

Kaltwassererzeuger	Typenreihe	052	062	072
Standardausführung	Typ	350210521	350210621	350210721
Mit Pumpensatz	Typ	350210522	350210622	350210722
Mit Pumpensatz und Speicher	Typ	350210523	350210623	350210723
Nennkühlleistung[1]	kW	42	52	64
Kältekreislauf				
Anzahl	Stück	2	2	2
Kältemittelfüllung R 407C	kg	11,6	14,6	18,6
Verdichter				
Anzahl	Stück	2	2	2
Leistungsstufen	%	50/100	50/100	50/100
Max. Verdichterleistungsaufnahme	kW	6,6	7,6	9,9
Verdampfer				
Nennwasserstrom	kg/h	6012	7452	9180
	kg/s	1,67	2,07	2,55
Hydraulischer Widerstand	kPa	27	33	34
Wasserinhalt	L	3,5	4,0	4,5
Anschlussdurchmesser (Ein-/Austritt)				
Standardgerät (Typenendziffer 1)	Zoll	2 1/2	2 1/2	2 1/2
Gerät mit Pumpensatz (Typenendziffer 2)	Zoll	2 1/2	2 1/2	2 1/2
Gerät mit Pumpensatz und Pufferspeicher (Typenendziffer 3)	Zoll	2 1/2	2 1/2	2 1/2
Kondensator				
Ventilatorenanzahl	Stück	1	1	2
Luftvolumenstrom	m³/h	15120	14760	28440
Schalldruckpegel[2]	dB(A)	70	70	72
Elektroanschlussdaten				
Betriebsspannung	V	400	400	400
	Ph	3	3	3
	Hz	50	50	50
Max. Leistungsaufnahme[3]	kW	14,1 (17,1)	16,2 (19,2)	21,8 (24,8)
Max. Betriebsstrom[3]	A	42 (44)	60 (62)	68 (70)
Max. Anlaufstrom[3]	A	152 (154)	160 (162)	171 (173)
Gewichte				
Standardgerät (Typenendziffer 1)	kg[4] / kg[5]	563 / 569	623 / 630	698 / 707
Gerät mit Pumpensatz (Typenendziffer 2)	kg[4] / kg[5]	593 / 599	653 / 660	758 / 767
Gerät mit Pumpensatz und Pufferspeicher (Typenendziffer 3)	kg[4] / kg[5]	713 / 1119	773 / 1173	848 / 1248

[1] Angabe der Kühlleistung bei: Lufteintrittstemperatur t_{L1} = 32 °C, Wassereintrittstemperatur t_{W1} = Wasseraustrittstemperatur t_{W2} = 6 °C
[2] Schalldruckpegelangaben bei Messung von 1 m Abstand und 1,5 m Höhe
[3] Klammerwerte gelten für Geräteausführung mit Pumpensatz/Pumpensatz und Speicher
[4] Transportgewicht
[5] Betriebsgewicht

Kaltwassererzeuger

Außenaufstellung Kompakt-Linie, enthaltenes Zubehör: Kaltwasserpumpe und Speicher (25-50 Liter), Winterregelung und Schwingu...

Baureihe	Leistungen Kühlen[1] kW	Leistungen Heizen[1] kW	Länge mm	Breite mm	Höhe mm	Gewicht[1] kg	Schalldruck[4] dB(A)	Art.-Nr.	Ausführung nur Kühlen Preis €/Stück
005	5,3	5,8	870	320	1100	98	56	350410100530	4560,00
008	7,8	8,6	870	320	1100	110	56	350410100830	4870,00
011	10,3	11,7	870	320	1100	120	59	350410101130	5510,00
016	15,2	17,5	1164	500	1270	194	59	350410101630	7120,00
020	20,5	23,1	1164	500	1270	190	59	350410102030	8010,00

Außenaufstellung Standard-Linie, enthaltenes Zubehör: Kaltwasserpumpe, Winterregelung und Aqualogik zur Vermeidung von Puffe...

Baureihe	Kühlen kW	Heizen kW	Länge mm	Breite mm	Höhe mm	Gewicht kg	Schalldruck dB(A)	Art.-Nr.	Preis €/Stück
024	24,2	28,8	1850	1000	1300	230	60	350410102440	10480,00
027	27,8	34,3	1850	1000	1300	245	61	350410102740	11690,00
034	32,8	36,8	1850	1000	1300	280	61	350410103440	12590,00
040	39,7	48,7	1850	1000	1300	294	61	350410104040	13390,00
051	45,8	52,0	2350	1100	1920	610	66	350410105140	15190,00
061	54,9	60,0	2350	1100	1920	639	66	350410106140	16340,00
071	63,4	69,0	2350	1100	1920	678	70	350410107140	18190,00

Anhang C: Alternativsystem- Wasserkassetten und Regelung

Wasserkassetten : Kampmann der Baugröße 30/ 45/ 07

Kaltwasser-Klimasysteme
Kaltwasser-Kassettengeräte • Kaltwasser-Wandgeräte

Kaltwasser-Kassetten Serie 2 (Doppelraster)

Ausführung				Baugröße 30	Baugröße 45
Abmessungen	Inneneinheit	L x B x H	mm	1171 x 571 x 287	
	Deckenpaneel	L x B x H	mm	1225 x 625 x 40	
Anschlussdurchmesser	2-Leitersystem	Kühlen oder Heizen	Zoll		
Luftvolumenstrom		Stufe 3	m³/h	1550	1630
		Stufe 2	m³/h	1350	1250
		Stufe 1	m³/h	1100	1000
Nennkühlleistung*	2-Leitersystem	Stufe 3	Watt	6440	10200
		Stufe 2	Watt	5600	7800
		Stufe 1	Watt	4600	6250
Kaltwasser-Kassette 2-Leitersystem			Art.-Nr.	325005230200	325005245200
			€/Stück	2319,00	2398,00
Kaltwasser-Kasssette 2-Leitersystem mit eingebautem 3-Wege-Ventil und 2-Punkt-Stellantrieb			Art.-Nr.	325005230210	325005245210
			€/Stück	2860,00	2939,00

Kaltwasser-Wandgeräte

Ausführung				Baugröße 07	Baugröße 09	Baugröße 18
Abmessungen	Inneneinheit	Länge	mm	815	815	1115
		Breite	mm	160	160	195
		Höhe	mm	270	270	330
Anschlussdurchmesser			Zoll	1/2"	1/2"	3/4"
Luftvolumenstrom		Stufe 3	m³/h	345	450	870
		Stufe 2	m³/h	290	370	750
		Stufe 1	m³/h	220	280	600
Nennkühlleistung*	2-Leitersystem	Stufe 3	Watt	1800	2100	3660
		Stufe 2	Watt	1500	1820	3150
		Stufe 1	Watt	1150	1420	2500
Kaltwasser-Wandgerät inkl. eingebautem 3-Wege-Ventil und beigestelltem Raumthermostat			Art.-Nr.	3250080721	3250080921	3250081821
			€/Stück	927,00	1091,00	1340,00

Wasserkassetten- Regelung:

Regelungszubehör Kaltwasser-Kassetten, KaControl

Ausführung	Zusatz zur KW-Kass.-Art.-Nr.	€/Stück
KaControl Führungs- oder Folgegerät, Anschluss für Raumbediengerät KaController Typ 3210003/3210004; Parallelbetrieb von max. sechs -C1-Geräten je Raumbediengerät über Busleitung möglich	*-C1	328,00
KaController mit Ein-Knopf-Bedienung, Raumbediengerät zur Wandmontage in hochwertigem Design, Gehäuse aus Kunststoff, Farbe ähnlich RAL 9010, mit großflächigem LCD-Multifunktionsdisplay, integrierter Raumtemperaturfühler; nur für Regelungsvariante -C1	196003210003	95,00
KaController mit zusätzlichen Funktionstasten, wie Typ 3210003, zusätzlich mit Funktionstasten für Schnellzugriff auf Lüftereinstellung, Betriebsarten, Betrieb On/Off, Zeitschaltprogramm und Betriebsartenwahl; nur für Regelungsvariante -C1	196003210004	95,00
Rohranlegefühler (Change Over) zur dezentralen Umschaltung Heizen/Kühlen bei 2-Leiter Anwendung	196003250116	32,00
KaControl CANbus-Karte zur Erweiterung der Geräteanzahl bei Einkreisregelung auf bis zu 30 Geräte, je Kaltwasser-Kassette einmal erforderlich	196003260301	71,00
KaControl RS-485-Karte mit Modbus-Protokoll zur Anbindung an GLT-Stationen	196003260101	71,00

* Kaltwasser-Kassetten-Art.-Nr. einsetzen

KaController mit Einknopfbedienung, Art.-Nr. 1940003210003

KaController mit Funktionstasten, Art.-Nr. 1940003210004

Anhang C: RLT- Gerät mit Luftführungs- und Brandschutzkomponenten

RLT- Gerät als 4000m³ ZUL- ABL-Standardgerät mit Wärmerückgewinnung (PWT) mit Regelungs- und Schaltschrankpaket RS-5:

Standardgeräte mit Wärmerückgewinnung (PWT)
I/2003

Standardgeräte

396550   ZUL-ABL-Gerät mit PWT / Luftkühler   Modul 1.0

Revision: ☐ vorne ☐ hinten ☐ Trennung
Anschlüsse: ☐ vorne ☐ hinten

Ventilator:	TZR B1-250	
	V = 4.000 m³/h	
	$dp_{(ext)}$ = 300 Pa	
Motor:	112M 3,0 4/6 KE Kaltleiter	
	n = 1.500 / 1.000 U/min	
	P = 3,0 / 1,0 kW	
	I = 7,14 / 3,66 A	
	U = 3 x 400 V (50 Hz)	
Filter:	Taschen G4	
	A = 2,2 m²	

Ventilator:	TZR B1-250	
	V = 4.000 m³/h	
	$dp_{(ext)}$ = 250 Pa	
Motor:	100L 2,2 4/6 KE Kaltleiter	
	n = 1.500 / 1.000 U/min	
	P = 2,2 / 0,7 kW	
	I = 5,32 / 2,55 A	
	U = 3 x 400 V (50 Hz)	
Filter:	Taschen G4	
	A = 2,2 m²	

Regelungs- und Schaltschrank-Standardpaket RS 5
20003

▌ Beschreibung und Funktionen RS 5

Kombination aus Regelungs- und Schaltschrankkomponenten für einfachste Regelungs- und Steuerfunktionen für RLT-Anlagen mit Plattenwärmetauscher mit Bypass, PWW-Lufterhitzer, 2-stufigen Ventilatoren und Absperrklappen
bestehend aus: - Regelungskomponenten RL 3 + Dreiwegeventil + Verschraubung
                 - Schaltschrankkomponenten SL 2 (ohne FI-Schutz, Anschluss für Fernbedienung vorhanden)
                 - Größe Schaltschrank BxHxT: 600x600x210 mm

Funktionen: AB-Temperaturregelung mit ZU-Begrenzung, wirkend auf:
                 - stetig geregelte PWT-Bypassklappe (24 V, 0-10 V)
                 - Stellantrieb für das Heizventil Lufterhitzer (24 V, stetig 0-10 V)
                   (Auswahl des Dreiwegeventils VXP45. ... erfolgt nach entsprechendem kvs-Wert)
                 - Umwälzpumpe für Lufterhitzer (230 V, max. 1,5 A !)
                 - Frostschutzfunktion
                 - 2-stufige Ventilatormotoren (max. 4 kW !) mit Kaltleiter
                 - Kanaltemperaturfühler für ZU/AB
                 - Klappenantrieb AU/FO-Klappe (24 V, 3-Punkt) <u>ohne</u> Federrücklauf (Fabrikat SIEMENS)

Stück	Art.-Nr.:	Type	Bezeichnung	Einzel-Preis	Gesamt-Preis
					Regelung
1	420243	RL 3	Standard-Regelung 3	-	
1		VXP45.	Dreiwegeventil	-	
3		ALG	Verschraubungen für Dreiwegeventil		
			Summe Regelung (brutto):		
					Schaltschrank
1	417907	SL 2	Standard-Lüftungs-Schaltschrank 2		
			Summe Schaltschrank (brutto):		
1	405758		*Inbetriebnahme Regelung (netto)*		
1	409526		*Schema und Dokumentation (netto)*		

Anhang C: RLT- Gerät mit Luftführungs- und Brandschutzkomponenten

Erhitzer- Kondensator für R410-A:

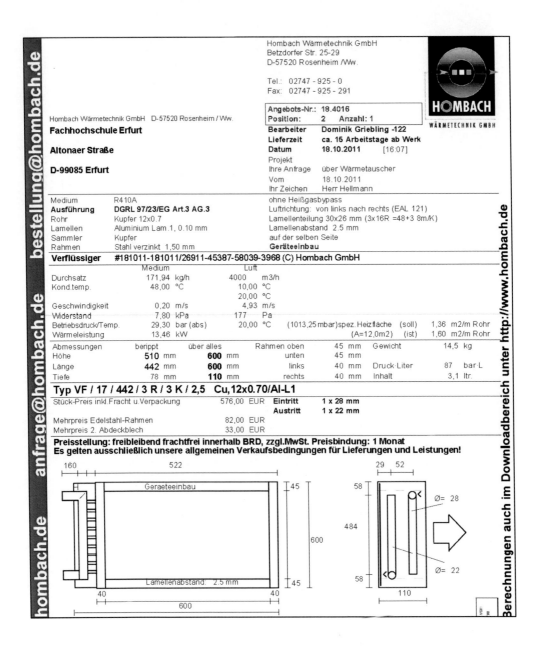

Anhang C: RLT- Gerät mit Luftführungs- und Brandschutzkomponenten

Kühler- Verdampfer für R410-A:

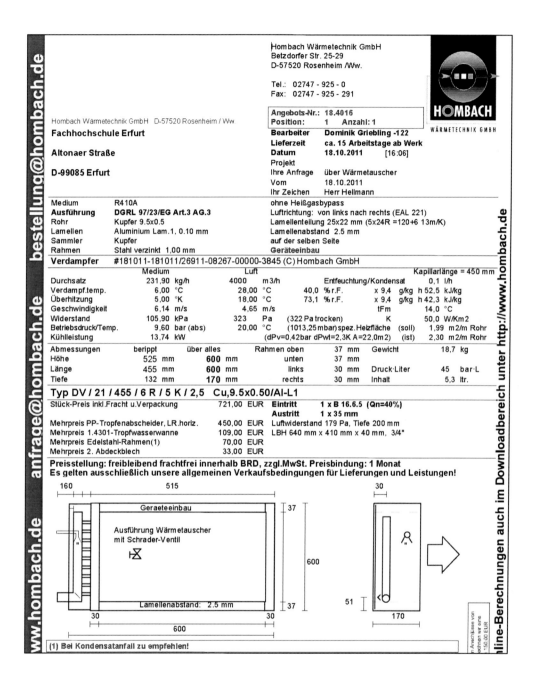

Anhang C: RLT- Gerät mit Luftführungs- und Brandschutzkomponenten

Wärmetauscher/ Erhitzer für Antifrogen- Wasser- Gemisch:

Pumpenwarmwasser-Betrieb (PWW) mit 38 % Antifrogen L, frostsicher bis -19.8 °C
mit umlaufendem C-Profilrahmen aus verzinktem Stahlblech.

Nahtlose Kupferrohre mit fest aufgepreßten,
spez. genoppten Hombach Hochleistungs - Aluminium - Lamellen (Typ L1 = höhere Leistung).
Sammelrohre aus Kupfer mit Rotguß-Übergangsnippel als Anschluß.

Mehrpreis für Gewindeflanschen nach DIN 2566, Gegenflanschen nach DIN 2633, Schrauben und Dichtungen,
Muffen für Entlüftung und Entleerung.

Max. Betriebsdruck 16 bar bei 120 °C.

Projekt: Verkaufsstätte
Artikel-Nr.: 6504914077
LV Nr./Pos.: 1 / 1.1

Technische Daten:

Luftmenge	4000 m3/h	Luftseitiger Druckverlust	194 Pa
Mediumeintritt	47,00 °C	Luftgeschwindigkeit	4,58 m/s
Mediumaustritt	41,00 °C	Mediumseitiger Druckverlust	12,2 kPa
Lufteintritt	10,00 °C	Mediumgeschwindigkeit	0,71 m/s
Luftaustritt	20,00 °C	Anschluss Übergangsnippel	DN 25, CuØ28, 1"
Leistung	13,46 kW	Mediumdurchsatz	2,24 m3/h
Gewicht	9,6 kg	Bruttopreis frachtfrei innerh. BRD	483,- EUR
		MP Stahl-Flansche (Medium)	47.- EUR
		Mehrpreis Edelstahlrahmen	55,- EUR
		MP Entlüft./Entleerungsmuffe 1/4"	24,- EUR
		Flächenreserve (A=12,7m2)	23,9 %
		Inhalt	3,0 ltr.

Typ W / 21 / 462 / 3 R / 14 K / 2,2 Cu,9.5/Al-L1

Abmessungen: Gesamthöhe: 600 mm, Gesamtlänge: 600 mm, Tiefe: 120 mm
Rahmen oben = 37 unten = 37 links = 30 rechts = 30 mm

Geraeteeinbau
Lamellenabstand: 2.2 mm

Anhang C: RLT- Gerät mit Luftführungs- und Brandschutzkomponenten

Wärmetauscher/ Kühler für Antifrogen- Wasser- Gemisch:

Wärmetauscher Cu/Al System Hombach für Geräteeinbau mit Sammlerabdeckblech

Pumpenkaltwasser-Betrieb (PKW) mit 38 % Antifrogen L, frostsicher bis -19.8 °C
mit umlaufendem C-Profilrahmen aus verzinktem Stahlblech.

Nahtlose Kupferrohre mit fest aufgepreßten,
spez. genoppten Hombach Hochleistungs - Aluminium - Lamellen (Typ L1 = höhere Leistung).
Sammelrohre aus Kupfer mit Rotguß-Übergangsnippel als Anschluß.

Mehrpreis für Gewindeflanschen nach DIN 2566, Gegenflanschen nach DIN 2633, Schrauben und Dichtungen,
Muffen für Entlüftung und Entleerung.

Max. Betriebsdruck 16 bar bei 120 °C.

Projekt:	Verkaufsstätte
Artikel-Nr.:	6504875089
LV Nr./Pos.:	1 / 1.1

Technische Daten:

Luftmenge	4000 m3/h	Luftseitiger Druckverlust	105 Pa (Entf: 0,0 ltr/h)
Mediumeintritt	6,00 °C	Luftgeschwindigkeit	2,78 m/s
Mediumaustritt	12,00 °C	Mediumseitiger Druckverlust	31,6 kPa
Lufteintritt	28,00 °C / 40,0 % r.F.	Mediumgeschwindigkeit	0,85 m/s
Luftaustritt	18,00 °C / 73,2 % r.F.	Anschluss Übergangsnippel	DN 25, CuØ28, 1"
Leistung	13,69 kW	Mediumdurchsatz	2,28 m3/h
Gewicht	16,2 kg	Bruttopreis frachtfrei innerh. BRD	637,- EUR
		MP Stahl-Flansche (Medium)	47,- EUR
		MP PP-Tropfenabscheider (horiz.):	437,- EUR (DP: 64 Pa)
		MP 1.4301-Tropfwasserwanne	140,- EUR (LBH: 980x350x40)
		Mehrpreis Edelstahlrahmen	77,- EUR
		MP Entlüft./Entleerungsmuffe 1/4"	24,- EUR
		Flächenreserve (A=27,9m2)	15,0 %
		Inhalt	5,3 ltr.

Typ W / 21 / 762 / 4 R / 12 K / 2,2 Cu,9.5/Al-L1

Abmessungen: Gesamthöhe: 600 mm, Gesamtlänge: 900 mm, Tiefe: 140 mm
Rahmen oben = 37 unten = 37 links = 30 rechts = 30 mm

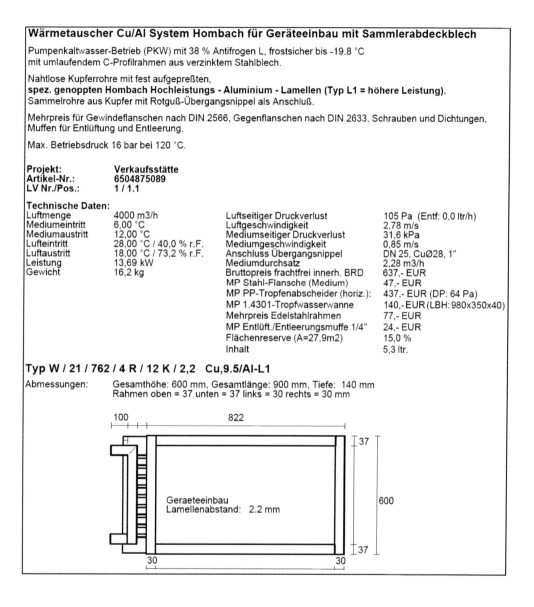

Anhang C: RLT- Gerät mit Luftführungs- und Brandschutzkomponenten

Hoval PWT SV- 100/ R -60,0:

Tauscher		SV - 100 / R - 60,0		
Baureihe		Standard		
Preis		0		EUR
Maße	H	990		mm
	L	990		mm
	B	600		mm
	D	1387		mm
	S	0		mm
	K	0		mm
Gewicht ca.		91		kg

Winterkonditionen		Aussenluft	Abluft	
Rückwärmzahl	Φ	74,1	52,7	%
Rückwärmzahl trocken	Φ_t	66,6	66,6	%
Druckverlust	Δp	163	173	Pa
- Erhöhung durch Kondensation		0	30	Pa
- im Bypass		---	---	Pa
Kondensatmenge	KM	0	13	kg/h
Volumenstrom	V	4000	4000	m3/h
bei Temperatur	t	---	---	°C
Feuchte	f	---	---	%
Dichte	ρ	1,15	1,15	kg/m3
Massenstrom	m	4600	4600	kg/h
Luftgeschwindigkeit	w	2,2	2,1	m/s
Leistung	Q	32,2	-32,2	kW
Luftdruck			970	hPa

Eintritt				
Temperatur	t	-14	20	°C
relative Feuchte	f	90	50	%
absolute Feuchte	x	1,2	7,6	g/kg
Austritt				
Temperatur	t	11,2	2,1	°C
relative Feuchte	f	14,1	100	%
absolute Feuchte	x	1,2	4,7	g/kg
Version 2.0.1	Hoval® CAPS, 2010000011511-10000-00001-00000-00001			

Effizienzklasse (EN 13053) (Draft)
η_e (EN 13053) $|\eta_{Fan}=0,6)$ 64,1 %
Effizienzklasse (EN 13053) (Draft) H2

Schalldämpfer SDO 500 400 15000:

Wähle SD — DIMsilencer 5.0

Produktbezeichnung	Benennung	[l/s] Vol.str.	[Pa] Druckverl.	Lw vor Schalldämpfer dB(A)	Lw hinter Schalldämpfer dB(A)
SDO 500 400 15000	Schalldämpfer	1111	68	78	49
SDO 500 400 15000	Schalldämpfer	1111	68	78	49

Produktbezeichnung — Datenblatt für Schalldämpfer
SDO 500 400 15000

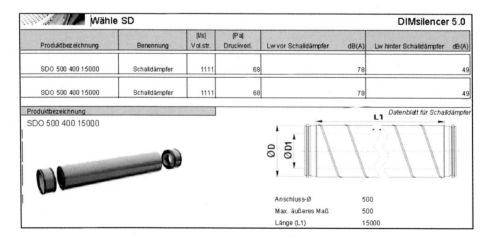

Anschluss-Ø 500
Max. äußeres Maß 500
Länge (L1) 15000

Anhang C: RLT- Gerät mit Luftführungs- und Brandschutzkomponenten

Lüftungsleitung und Zusatzmaterialien:

Luftverteilung- Rohr (rund)	DN	450	300	250	100	
	[m]	22,60	86,50	11,50	55,00	
	[€/m]	79,45	45,75	38,30	15,15	
	[€]	1795,57	3957,38	440,45	833,25	Summe
Befestigung/ Rohrschelle (verzinkt mit Schalldämmeinlage aus EPDM. Anschluss mit Kombigewinde M8/M10, Verschlussschrauben mit Kombi-Kreuzschlitz)	[Stck./1,5m]	15,00	57,67	8,00	36,67	(Netto)
	[€/Stck.]	5,60	3,50	3,20	1,00	[€]
	[€]	84,00	201,83	25,60	36,67	348,10
Bogen 90° BFU Lindab (rund)	DN	450	300	Summe		
	[n]	6	12	(Netto)		
	[€/Stck.]	147,7	100,85	[€]		
	Preis [€]	886,2	1210,2	2096,4		
Red.- Stück RCLU Lindab (rund);	DN	450/300	300/250	300/100	00/250-450 (eckig/rund	Summe
	[n]	5	4	2	4	(Netto)
	[€/Stck.]	99,15	43	58,8	353,8	[€]
	Preis [€]	495,75	172	117,6	1415,2	2200,55
T-Stück (rund) TCPU,TCPRCU	DN	450	300	100	Summe	
	[n]	2	8	4	(Netto)	
	[€/Stck.]	191,95	110,1	30,2	[€]	
	Preis [€]	383,90	880,80	120,80	1385,50	
	DN	450/300/450	450/250/45	300/250/30	250/100/250	Summe
	[n]	2	1	2	4	(Netto)
	[€/Stck.]	144,05	130,9	97,3	52,8	[€]
	Preis [€]	288,1	130,9	194,6	211,2	824,80
Segeltuchstutzen (rund) EV-BRK-DN Elastische Verbindungen	DN	450	Summe			
	[n]	4	(Netto)			
	[€/Stck.]	198,00	[€]			
	Preis [€]	198,00	198,00			
Wetter- und Vogelschutz, Ausblasbogen 90° ABU mit Schutzgitter	DN	450	Summe			
	[n]	2	(Netto)			
	[€/Stck.]	157,60	[€]			
	Preis [€]	315,20	315,20			
Anschlusskästen+ Dralldurchlass inklusive Volumenstromregler und Befestigung (Lindab)	Zuluft	RS16H-H-S-2-315-21	RS16H-H-S-2-250-21	MBB-100-125-S		
	[n]	3	1	6		
	Abluft	RS16H-H-E-2-315-21	RS16H-H-E-2-250-21	MBB-100-125-E		Summe
	[n]	3	1	6		(Netto)
	Preis [€/n]	501,00	501,00	126,50		[€]
	Preis [€]	3006,00	1002,00	1518,00		5526,00

Volumenstromregeler:

DAU / DAVU / DA2EU Preisgruppe 32

DAU — Konstantvolumenstromregler mit manueller Einstellung
DAVU — Volumenstromregler mit Stellmotor für variable Volumenstromregelung
DA2EU — Volumenstromregler mit Stellmotor zur Wahl zwischen zwei Volumenströmen

Bestellbeispiel: DAU-Ød

Ød mm	DAU €/Stk.	DAVU €/Stk.	DA2EU-24V €/Stk.	DA2EU-230V €/Stk.
80	382,70	1382,40	1046,20	1015,80
100	389,00	1382,40	1046,20	1015,80
125	407,60	1392,90	1052,00	1052,00
160	421,10	1392,90	1059,30	1059,30
200	446,00	1414,70	1088,20	1088,20
250	496,70	1436,50	1146,30	1146,30
315	573,50	1501,80	1233,40	1233,40

Anhang C: RLT- Gerät mit Luftführungs- und Brandschutzkomponenten

Segeltuchstutzen:

EV-BRK // ELASTISCHE VERBINDUNGEN
für Brandrauch-Steuerklappen

AUSFÜHRUNG

Elastische Verbindungselemente (Segeltuchstutzen) für den Einbau von Brandrauch-Steuerklappen gemäß ÖNORM H 6015 (2007) – mit erhöhter Temperaturbeständigkeit: 600°C - 90 Minuten (mit Nachweis des IBS-Linz: 07071710)

Flexibler Teil:	E-Glas-Gewebe und beids. PU-Beschichtung - flexible Länge: 100 mm
Anschlussteile:	verzinkt
Einbaulänge (gestreckt):	EV-BRK: 240 mm P20 bei B bzw. H ≤ 1000 mm P30 bei B bzw. H > 1000 mm
	EV-BRK-DN..-L: 210 mm
EV-BRK-....... / ...... (lichte Breite / lichte Höhe)	für rechteckigen Leitungsquerschnitt
EV-BSK-DN.. (Nenndurchmesser) – L	mit Losflanschen (DIN 24154-5)

EV-BRK   /-DN..-L

EINSATZ

» In lufttechnischen Anlagen, ohne besondere Belastung durch Feststoffe oder Chemikalien, bis 16 m/s Anströmgeschwindigkeit (bei gleichmäßiger, turbulenzarmer Anströmung)
» Beim Einbau ist darauf zu achten, dass der flexible Teil gestreckt, und das elastische Verbindungselement außerhalb des Bewegungsbereichs des Verschlusselementes (Klappenblattes), jedoch innerhalb eines Bereiches von maximal 1 m von der Klappe, montiert wird.
» Der Einbau, die Montage, Inbetriebnahme, Wartung und Überprüfung, müssen entsprechend den Vorgaben der AUMAYR GmbH, unter Berücksichtigung geltender Normen und Vorschriften durchgeführt werden. Jede eigenmächtige Veränderung der Klappe, bzw. die Nichtbeachtung o.a. Vorschriften und Informationen kann die Funktion der Brandrauch-Steuerklappe beeinträchtigen und entbindet AUMAYR GmbH von jeder Gewährleistung und Haftung !
» Alle erforderlichen Montage- und Produktdokumentationen, wie auch die aktuellen Prüfzeugnisse, sind jederzeit auf der
» AUMAYR-Homepage: www.aumayr.com verfügbar, und stehen kostenfrei für den Download zur Verfügung.

OPTIONEN

» Elastische Verbindungselemente für Standard-Lüftungseinsatz, mit einer Länge des flexiblen Teils von 60 mm.

PREISTABELLE

EV-BRK		lichte Breite (B) in [mm]										
		200	300	400	500	600	700	800	900	1000	1100	1200	1300
lichte Höhe (H) in [mm]	200	78,-	97,-	117,-	136,-	154,-	174,-	193,-	213,-	232,-	252,-	271,-	289,-
	300	97,-	117,-	136,-	154,-	174,-	193,-	213,-	232,-	252,-	271,-	289,-	309,-
	400	117,-	136,-	154,-	174,-	193,-	213,-	232,-	252,-	271,-	289,-	309,-	328,-
	500	136,-	154,-	174,-	193,-	213,-	232,-	252,-	271,-	289,-	309,-	328,-	348,-
	600	154,-	174,-	193,-	213,-	232,-	252,-	271,-	289,-	309,-	328,-	348,-	367,-
	700	174,-	193,-	213,-	232,-	252,-	271,-	289,-	309,-	328,-	348,-	367,-	386,-
	800	193,-	213,-	232,-	252,-	271,-	289,-	309,-	328,-	348,-	367,-	386,-	406,-

EV-BRK-DN..-L	Nenndurchmesser (DN) in [mm]							
	315	355	400	450	500	560	630	710	800
	132,-	161,-	173,-	198,-	211,-	255,-	279,-	316,-	367,-

Die elastische Verbindungen werden auftragsbezogen gefertigt - es sind daher alle Zwischenmaße möglich !
Bei abweichenden Bauteilabmessungen gelangt der nächst größere Tabellenwert zur Verrechnung !
Bitte beachten: Auftragsbezogen gefertigte Bauteile sind von Umtausch und Rückgabe ausgeschlossen !

Weitere Details finden Sie in den technischen Datenblättern.
Preise in EURO, exkl. MWSt. Änderungen vorbehalten!

Aumayr GmbH // Linzer Straße 46 // 4221 Steyregg
T: +43 (0) 732/64 40-0 // F: DW-39 // www.aumayr.com

Anhang C: RLT- Gerät mit Luftführungs- und Brandschutzkomponenten

Wildeboer Wartungsfreie FR90 Brandschutzklappen:

WILDEBOER®

Preisliste 2011
Einzelpreise in € ab Werk, zuzüglich Umsatzsteuer

Wartungsfreie FR90 Brandschutzklappen (Baureihe FR92)

Europäischer Stand der Technik EN 1366-2
Klassifizierung EI 90 (v_e, h_o, i ↔ o) S
90 Minuten Feuerwiderstandsdauer

Zulassung
Deutschland: Z - 41.3 - 671

Verwendung in explosionsgefährdeten Bereichen gemäß Richtlinie 94/9/EG (Betriebssicherheitsverordnung)
Konformitätsnachweis TÜV 07 ATEX 554091X

Standardausführung

Umlaufend einteiliges Gehäuse mit angeformten Steckverbindungen für Wickelfalzrohr DIN 24145, für Flexrohr und für gleichartige Rohrleitungen lufttechnischer Anlagen. Gehäuse aus verzinktem Stahlblech oder wahlweise mit Epoxidharzbeschichtung für erhöhten Korrosionsschutz. Dichtheitsklasse C nach EN 1751. Umlaufend druckgeformte Sicken über die gesamte Gehäuselänge sorgen auch bei großen Abmessungen für notwendige Stabilität und Absperrklappenblattfreilauf. Geringster Druckverlust und sehr niedrige Geräuschpegel werden so erreicht.

Gehäuse im Anschlussbereich optional mit Lippendichtungen

Absperrklappenblatt aus hochtemperaturbeständigen, abriebfesten mineralischen Baustoffen mit verschleißfesten Elastomer - Lippendichtungen. Absperrklappenblätter sind bei Bedarf austauschbar. Optional als Metallabsperrklappenblatt aus rostfreien Stahlblech oder rostfreiem Edelstahl. Vollständig gekapselte, wartungsfreie Antriebsmechanik im Gehäusewandbereich als selbstverriegelndes Getriebe für bruchsichere Drehmomentübertragungen. Abgedichtete Antriebsachsen aus rostfreiem Edelstahl, Lager aus Rotmetall.

Thermische Auslösung 70°C oder 95°C

Zum Einbau in und an massiven Wänden und Decken und in leichten Trenn-, Schacht- und Brandwänden mit Metallständern und beidseitiger Bekleidung.

Option: Mit **Einbaurahmen RE** (eckig RE100, RE150) und **RR** (rund RR100, RR150) aus mineralischen Baustoffen zur vereinfachten Montage in leichten Trennwänden, zum Trockeneinbau in rechteckigen und runden Öffnungen und in Kernlochbohrungen von massiven Wänden und Decken.

Option: Mit **Anbaurahmen AE** aus mineralischen Baustoffen und verzinktem Stahlblech zum Anschrauben direkt an massiven Wänden und Decken und in einseitig bekleideten Wänden mit und ohne Metallständer.

Option: Mit **Einbaurahmen ER6**, als gleitender Deckenanschluss in leichten Trennwänden mit beidseitiger Bekleidung und mit Metallständer mit 50 mm bis 125 mm Steghöhe.

Option: Mit **Vorbaurahmen VE** (inkl. Anschlussrahmen), zum Einbau entfernt von massiven Wänden und Decken an Lüftungsleitungen mit Feuerwiderstandsdauer.

Einbau mit liegenden und stehenden Absperrklappenblattachsen. Luftanströmrichtung von jeder Anschlussseite. Für alle Lüftungsleitungen, auch aus brennbaren Baustoffen; ohne Leitungen mit nichtbrennbaren Schutzgittern.

Nenndurchmesser: DN 100 bis DN 800

Standardausführung mit Einbaurahmen RR

Standardausführung mit Einbaurahmen RE

Standardausführung mit Anbaurahmen AE

Standardausführung mit Vorbaurahmen VE

Anhang C: RLT- Gerät mit Luftführungs- und Brandschutzkomponenten

Preisliste- Wildeboer Wartungsfreien Brandschutzklappen:

Ausgabe Mai 2011 / Änderungen vorbehalten   Produkte mit markierten Preisen im Express-Service lieferbar!   Produktbereich: B

Preisliste 2011 — WILDEBOER

Einzelpreise in € ab Werk, zuzüglich Umsatzsteuer

FR90 Brandschutzklappen

Größe DN	100	125	140	160	180	200	224	250	280	315	355	400	450	500	560	630	710	800
FR90	100,-	106,-	111,-	111,-	119,-	119,-	154,-	158,-	163,-	168,-	196,-	208,-	248,-	267,-	314,-	357,-	365,-	407,-
FR90 mit Antrieb M24-3	356,-	362,-	367,-	367,-	375,-	375,-	410,-	415,-	419,-	425,-	452,-	464,-	504,-	524,-	570,-	593,-	622,-	663,-
FR90 mit Antrieb M20-3	363,-	369,-	374,-	374,-	382,-	382,-	417,-	421,-	426,-	431,-	459,-	471,-	510,-	530,-	576,-	600,-	628,-	670,-
FR90 mit Antrieb M24-7	340,-	346,-	351,-	351,-	359,-	359,-	394,-	398,-	403,-	408,-	436,-	448,-	487,-	507,-	553,-	576,-	605,-	647,-
FR90 mit Antrieb M20-7	340,-	346,-	351,-	351,-	359,-	359,-	394,-	398,-	403,-	408,-	436,-	448,-	487,-	507,-	553,-	576,-	605,-	647,-
FR90 mit Antrieb M24-9	356,-	362,-	367,-	367,-	375,-	375,-	410,-	415,-	419,-	425,-	452,-	464,-	504,-	524,-	570,-	593,-	622,-	663,-
FR90 mit Antrieb M20-9	363,-	369,-	374,-	374,-	382,-	382,-	417,-	421,-	426,-	431,-	459,-	471,-	510,-	530,-	576,-	600,-	628,-	670,-

Kaschierungen für Absperrklappenblätter für FR90 Brandschutzklappen

Größe DN	100	125	140	160	180	200	224	250	280	315	355	400	450	500	560	630	710	800
verzinktes Stahlblech	19,-	19,-	19,-	19,-	20,-	20,-	20,-	20,-	21,-	22,-	32,-	33,-	34,-	35,-	37,-	41,-	44,-	48,-
Edelstahl	23,-	23,-	24,-	24,-	26,-	26,-	30,-	31,-	34,-	36,-	42,-	45,-	51,-	55,-	63,-	72,-	84,-	98,-

Gehäuseausführungen für FR90 Brandschutzklappen

Größe DN	100	125	140	160	180	200	224	250	280	315	355	400	450	500	560	630	710	800
mit Epoxidharzbeschichtung	43,-	44,-	46,-	47,-	48,-	50,-	92,-	95,-	98,-	101,-	105,-	110,-	116,-	124,-	133,-	142,-	154,-	169,-
mit Lippendichtungen	9,-	9,-	9,-	9,-	9,-	9,-	9,-	11,-	11,-	11,-	13,-	13,-	13,-	13,-	13,-	15,-	15,-	20,-

Ein-, An- und Vorbaurahmen für FR90 Brandschutzklappen

Größe DN	100	125	140	160	180	200	224	250	280	315	355	400	450	500	560	630	710	800
Einbaurahmen RR (L=50)	56,-	60,-	63,-	65,-	70,-	74,-	78,-	85,-	94,-	104,-	-	-	-	-	-	-	-	-
Einbaurahmen RE (L=100)	56,-	60,-	63,-	65,-	70,-	74,-	78,-	85,-	94,-	104,-	144,-	160,-	180,-	201,-	228,-	264,-	308,-	364,-
Einbaurahmen RR (L=150)	81,-	86,-	91,-	94,-	100,-	107,-	114,-	124,-	137,-	152,-	-	-	-	-	-	-	-	-
Einbaurahmen RE (L=150)	81,-	86,-	91,-	94,-	100,-	107,-	114,-	124,-	137,-	152,-	213,-	230,-	265,-	297,-	338,-	393,-	459,-	543,-
Einbaurahmen ER6	318,-	325,-	331,-	339,-	345,-	353,-	363,-	374,-	388,-	405,-	472,-	497,-	528,-	560,-	601,-	653,-	715,-	791,-
Anbaurahmen AE	70,-	76,-	81,-	85,-	92,-	97,-	105,-	115,-	126,-	140,-	177,-	199,-	227,-	257,-	294,-	344,-	406,-	483,-
Vorbaurahmen VE	89,-	95,-	99,-	103,-	113,-	123,-	138,-	151,-	168,-	187,-	213,-	242,-	275,-	319,-	375,-	436,-	534,-	

Rahmen RR, RE, AE, VE werkseitig montiert an FR90 Brandschutzklappe zusätzlicher Mehrpreis + 11,00€ / Kleinpaarts & bei losen Rahmen RR, RE, AE, VE im Lieferumfang enthalten Rahmen ER6 immer werkseitig montiert, alle Steghöhen "S"

Zubehör für FR90 Brandschutzklappen

Größe DN	100	125	140	160	180	200	224	250	280	315	355	400	450	500	560	630	710	800
Schutzgitter	13,-	15,-	17,-	17,-	19,-	19,-	23,-	23,-	26,-	28,-	29,-	30,-	31,-	34,-	35,-	36,-	37,-	41,-	44,-

Mehrpreise FR90: Auslöseelemente und Endschalter
(gültig nur bei Originalausrüstung im Werk)

Auslöseelemente

Korrosionsgeschützte Schmelzlothülse 70°C	12,-	
Schmelzlothülse 95°C	0,-	**Elektrische Endschalter** für thermisch - mechanische Auslöseeinrichtungen
Thermische - elektrische Auslösung 95°C	25,-	Endschalter ZU und / oder AUF, je 11,-

Explosionsgeschützte Auslöseeinrichtungen EM-... und RM-... mit Konformitätsaussage TÜV 07 ATEX 554091X

Elektrische Federrücklaufmotore mit Thermosicherung, Konsole, Ex-Box Klemmkasten und zwei elektrischen Endlagenschaltern.

	Kennzeichnung	Versorgung	Drehmoment	Einsatzgebiet	Preis
EM-2	II 2 G c IIC T6 -30°C Ta +40°C	24...230 V AC/DC	15Nm	Zone 1 und 2	30,22,-
EM-2	II -/3 D c T80°C -30°C Ta +40°C	24...230 V AC/DC	15Nm	Zone 22	30,22,-
EM-1	II 2 G c IIC T6 -30°C Ta +40°C	24...230 V AC/DC	5Nm / 10Nm	Zone 1 und 2	27,50,-
EM-1	II -/3 D c T80°C -30°C Ta +40°C	24...230 V AC/DC	5Nm / 10Nm	Zone 22	27,50,-
RM-2	II 3 G c IIC T5 -30°C Ta +40°C	24...230 V AC/DC	15Nm	Zone 2	26,51,-
RM-2	II -/3 D c T80°C -30°C Ta +40°C	24...230 V AC/DC	15Nm	Zone 22	26,51,-
RM-1	II 3 G c IIC T5 -30°C Ta +40°C	24...230 V AC/DC	5Nm / 10Nm	Zone 2	24,52,-
RM-1	II -/3 D c T80°C -30°C Ta +40°C	24...230 V AC/DC	5Nm / 10Nm	Zone 22	24,52,-

---

leichten Trennwänden mit beidseitiger Bekleidung und mit Metallständern mit 50 mm bis 125 mm Steghöhe.

Option: Mit Vorbaurahmen VE (inkl. Anschlussrahmen), zum Einbau entfernt von massiven Wänden und Decken an Lüftungsleitungen mit Feuerwiderstandsdauer.

Einbau mit liegenden und stehenden Absperrklappenblattachsen. Luftanströmrichtung von jeder Anschlussseite. Für alle Lüftungsleitungen, auch aus brennbaren Baustoffen; ohne Leitungen mit nichtbrennbaren Schutzgittern.

Standardausführung mit Vorbaurahmen VE

Nenndurchmesser: DN 100 bis DN 800

Anhang C: Abschirmung- TTL Torluftschleier

Bewertungs- oder Bemessungsgrundlagen des TTL- Torluftschleiers:

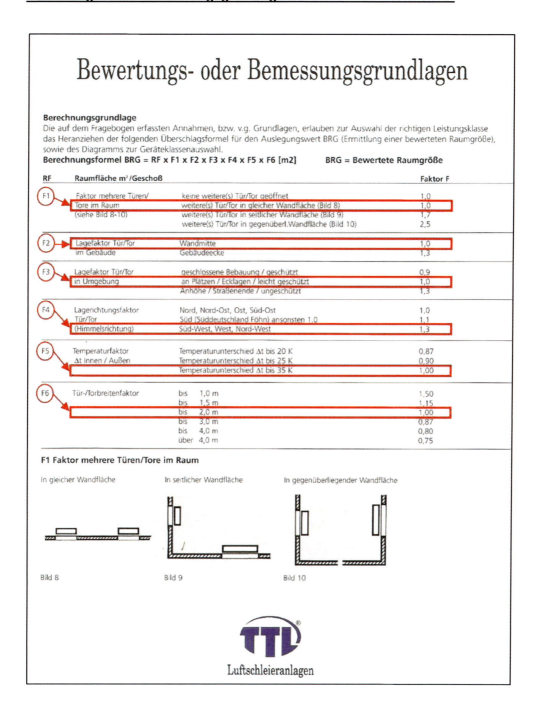

Anhang C: Abschirmung- TTL Torluftschleier

TTL- Torluftschleier Auswahldiagramm:

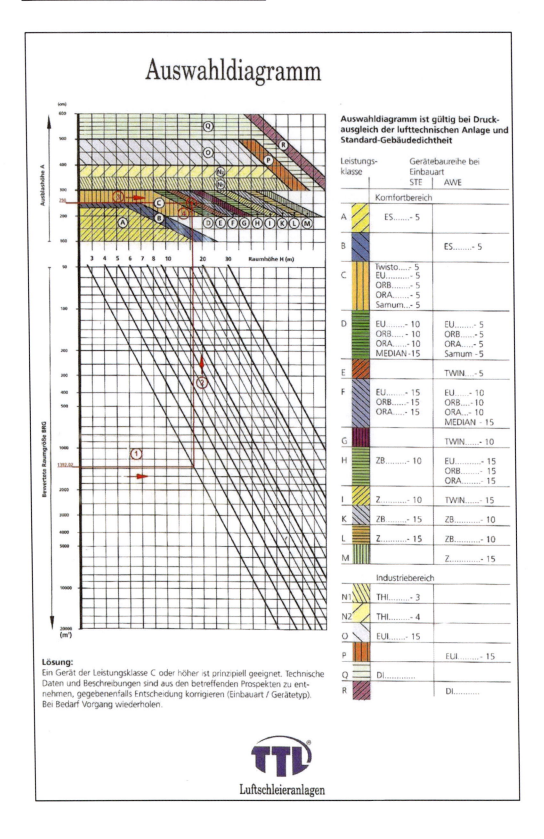

Anhang C: Abschirmung- TTL Torluftschleier

TTL- Orbis 10/ 15- Technisches Datenblatt:

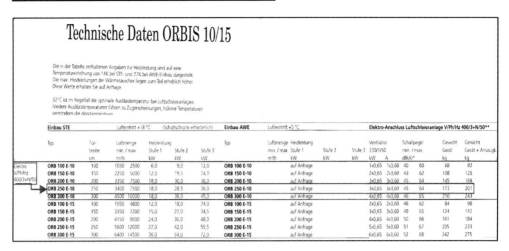

TTL- Zubehör- Türkontakt und Raumthermostat:

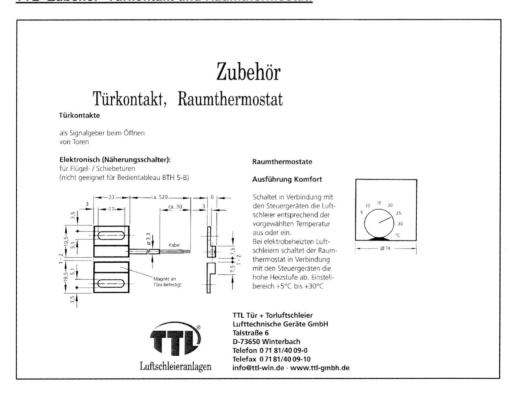

Anhang C: Abschirmung- TTL Torluftschleier

TTL- Elektrosteuerung UBT 3E

UBT 3E
Die universelle und preiswerte Steuerung
Heizmedium: Elektro

Die elektronische Steuerung UBT 3E ermöglicht den universellen Betrieb von Einzelgeräten oder, bei gleicher Ventilatorstufenvorwahl, den Betrieb von bis zu 6 Luftschleiergeräten mit individuellen Betriebszuständen. (Zustandszuweisung mittels Umschalter GLOBAL/LOKAL)

Funktionsweise A
Manuelle Steuerung

- Betriebsstufen sind einzeln über Folientastatur einstellbar

Funktionsweise B
Automatik-Steuerung mit Nachlauf

- Externer Schaltkontakt schaltet Gerät auf voreingestellter Betriebsstufe EIN/AUS
- Nachlauf des Luftschleiergeräts im Servicemenü von 30-600 sek einstellbar

Anwendung für:
Automatikbetrieb EIN/AUS über externe Kontaktgeber (z.B. Türkontakte, Raum- oder Uhrenthermostate)

Leistungsumfang:
- 3 Ventilatorstufen wählbar
- Steuerung von bis zu 6 Luftschleiergeräten im Datenverbund mit unterschiedlichen Betriebszuständen
- Anschlussmöglichkeit eines zusätzlichen Bedientableaus
- Freigabefunktion über DDC oder externe Signale
- Umschaltung "Hand/Automatik"
- Umschaltung "Sommer/Winter"
- Nachlaufsteuerung
- Aufschaltung von Raum- und Uhrenthermostaten (lt. Zubehörprogramm oder bauseitiger pot.-freier Geräte)
- Thermokontaktschaltung als Motorschutz
- Übertemperaturüberwachung durch interne Sensoren
- Abkühlbetrieb durch internen Sensor
- Überwachung der Schütze auf Verkleben der Kontakte

Anzeigen:
über farbige LED-Displays
- Betriebsbereit
- Automatikbetrieb
- Handbetrieb
- Sommer/Winter
- Störung
- Ventilatorstufe 1-3
- Heizstufe 1-3
- Abkühlbetrieb
- Übertemperatur
- Verkleben der Schützkontakte

Installationslängen:
max. 1000 m, dabei von UBT 5 zu Luftschleier max. 500 m und von Luftschleier zu Luftschleier(n) insgesamt max. 500 m (Lieferung vorkonfektionierter Kabel lt. Zubehörprogramm)

Meldungsausgänge:
potentialfrei
- Wahlweise Betrieb oder Störmeldung (Wechselkontakt)
- Verkleben der Schützkontakte (Wechselkontakt)

Abmessungen:
(Aufputzmontage)
Breite: 77 mm Höhe: 146 mm
Tiefe: 28 mm

Anschlüsse:
Anschluss über konfektionierte Datenleitung mit verpolungssicheren Modular-6/6 - Steckern (Western).

Autorenprofil

Der Autor Sebastian Hellmann, B.Eng., wurde 1984 in Wippra geboren.

Nachdem er eine Berufsausbildung als Gas- und Wasserinstallateur in einem Fachunternehmen der Branche erfolgreich absolvierte, entschied sich der Autor seine Kenntnisse durch ein Studium zu erweitern. Das Bachelorstudium der Gebäude- und Energietechnik an der Fachhochschule Erfurt schloss er im Jahre 2012 erfolgreich ab. In der Studienzeit konnten durch Praktika weitere Kenntnisse aus dem interessanten Einsatzfeld der Gebäude- und Energietechnik erlangt werden. So entwickelte der Autor bereits während des Studiums ein besonderes Interesse im Bereich der Klimatisierung mit der Gasmotorwärmepumpe.